環境と福祉を支える
スマートセンシング

Smart Sensing to Support Environment and Welfare

監修:環境・福祉分野における
　　　スマートセンシング調査研究委員会
Supervisor : Research Committee on Smart Sensing
in Environment and Welfare Fields

シーエムシー出版

巻　頭　言

　私たちは，日常の何気ない普段の生活の中で，多種多様なセンサを利用しており，その恩恵を受けている。例えば，一番身近なものの例として，温度計がある。温度計は，ガリレオ・ガリレイがアルコールなどの液体の密度が温度に比例して変化する原理を発見したものであり，すでに500年近い歴史となっている。その後，アルコール温度計に代表されるように目盛が取り付けられ，現代の形式となっている。風邪など体調管理でも体温計は古くから重要なアイテムとして利用されており，以前は水銀を使用したものばかりであったが，近年では電子体温計となり，さらに接触式から非接触式へと進化を遂げている。このようにセンサの進化は，温度計に限ったものではなく，湿度や圧力，振動などでも同様な発展を遂げている。

　測定対象物の変化を検知し，電気やその他の方法によって出力・表示などを行うセンサは，家庭用コンピュータ，携帯電話などが普及し始めたここ20～30年の間に，小型化，省電力化，多機能化が進み，CPUや通信機能までも内蔵する，スマートセンサと呼ばれる状況までに至っている。特に，近年のスマートフォンの普及がさらなる進化へと加速させている。このように，急激に進化を遂げているセンサ，特にスマートセンサであるが，その原理や内容をよく見ると，温度や圧力，振動などを検知するセンサの進化は目覚ましいものであるが，ガスや匂いなどのセンサについては，まだまだ発展の余地が残されているものも数多くある。今後，日本では人口の減少が続き，それに伴い労働人口も減っており，超高齢化社会に入り始めている。このような情勢の中，安全，安心な社会生活を送る上でも，ますますいろいろなセンサ・デバイスが必要かつ重要となっていくことが考えられ，すべてのセンサがスマートセンサ化されることが望まれている。

　本書では，このような状況から他の分野と比較してスマートセンサの重要性と，さらなる発展が望まれている環境・福祉分野について特に注目し，その技術動向を調査し，取りまとめを行った。環境，福祉分野を中心としているが，それ以外の分野も含めた総合的な視点で取りまとめを行っている。さらに，研究分野のみならず，実例なども取り混ぜている点など，従来の書籍とは一線を画している。共通課題としての「環境・福祉」を中心に，基礎的なセンシング技術，応用技術までの幅広い内容を，第一線の研究者の成果を中心に集積したものである。すでに各センサの基本原理などについては類書があることから，できるだけ重複と偏りがないように配慮したつもりである。本書が，今後のスマートセンサ開発の参考になることを目指している。

　本書の構成は，5章29項とコラム4項からなっている。「第1章　スマートセンシング」では，イントロダクションとして現在の状況，本書でのスマートセンサの定義と背景などについて概説した。また，ここでは調査対象とした分野の項目，内容の分類を定義して，次の章へと導いている。

「第2章　環境に関わるケミカルセンシング」では，極低濃度でも人体や生産プロセスに影響を及ぼす様々なガス・化学物質を高感度，かつ手軽にモニタリングする技術の開発が進められている状況や課題と展望，特にガスセンサ，室内・生産施設環境とケミカルセンサ，PM2.5，医療・排ガス・匂い検知の現状技術，労働衛生分野における適用事例・具体例などについて列挙している。

　「第3章　環境に関わるフィジカルセンシング」では，従来のフィジカルセンサが次のステージへと進化しつつある状況を中心に，特に今後重要となっている「見える化」と「制御」に関連した内容，さらにMEMSセンサ技術に代表される，小型化・高感度化・省電力化の内容について列挙している。また，我々の生活環境においてどのように用いられているか，その様々な実例なども交えている。

　「第4章　人体に関わるケミカルセンシング」では，幅広く個人の生活の場におけるケミカルセンシングを中心に列挙した。主たる応用領域は，福祉，医療，健康管理などであるが，これらの内容を網羅的に解説するのではなく，全体としてなるべく従来とは異なるまとめ方を試み，特定の内容に絞って解説することとした。

　「第5章　からだに関わるフィジカルセンシング」では，福祉分野におけるフィジカルセンシングという広い領域の中から，ウェアラブルデバイスのハードウェア面とソフトウェア面について列挙した。特に，ウェアラブルデバイスによる生体信号センシング技術，またウェアラブルデバイスを通じて収集されるものは多種多様なデータであることから，継続的な収集によるライフログと呼ばれるビッグデータ関連内容，さらにデータ収集を継続的に行うためのゲーミフィケーションと呼ばれるコンセプトについても概説している。

　また，専門書であるが，各章に関連する内容で読者に分かりやすい形で現状や展望を執筆したコラムも加えて，親しみやすく努めた。

　おわりに，本書を世に送り出すために多大なご協力を頂いた16名にのぼる執筆者の方々，関係研究者として各種資料や情報提供を頂いた電気学会センサ・マイクロマシン部門会員のみなさま，また本書の出版に際して終始ご尽力とご協力を頂いた㈱シーエムシー出版の方々に，監修者として感謝の意を表するものである。

2016年3月31日

著者を代表して
野田和俊

執筆者一覧（執筆順）

野田和俊

（国研）産業技術総合研究所　環境管理研究部門　環境計測技術研究グループ　主任研究員
- ◇　1992 年　通商産業省工業技術院　資源環境技術総合研究所　安全工学部に転任
  　　2001 年　組織再編により㈱産業技術総合研究所　環境管理研究部門に移行
  　　2015 年　組織再編により（国研）産業技術総合研究所に移行
  　　2005 年　北海道大学にて博士（工学）取得，現在に至る
- ◇　専門領域：応用計測，ガスセンサ開発（主に QCM）
- ◇　電気学会　センサ・マイクロマシン部門　環境・福祉分野におけるスマートセンシング調査専門委員会委員長
- ◇　巻頭言，第 1 章の執筆を担当

田中　勲

清水建設㈱　技術研究所　環境基盤技術センター　医療環境 G　グループ長
- ◇　1985 年　東京理科大学　薬学部　製薬学科　卒業
  　　同年　　清水建設㈱入社　技術研究所に所属
  　　2015 年より現職，博士（工学）
- ◇　専門領域：微粒子および界面科学，クリーンルーム
- ◇　電気学会　センサ・マイクロマシン部門　環境・福祉分野におけるスマートセンシング調査専門委員会委員
- ◇　2.1 節，2.3 節，2.7 節の執筆を担当

寺内靖裕

理研計器㈱　営業技術部　マーケティング課　セールスエキスパート
- ◇　2001 年　埼玉大学　理工学研究科　環境制御工学専攻　博士前期課程修了
  　　同年　　理研計器㈱入社　研究部に所属し，2015 年より現職
- ◇　専門領域：ガスセンサ
- ◇　2.2 節の執筆を担当

長谷川有貴

埼玉大学　大学院理工学研究科　准教授
- ◇　2001 年　埼玉大学　教育学研究科　教科教育専攻技術教育専修修了
  　　2002 年　同大学　工学部　助手
  　　2005 年　博士（工学）（埼玉大学）
  　　2008 年より同大学　大学院理工学研究科　助教を経て，2014 年より現職
- ◇　専門領域：ガスセンサ，味覚センサ，植物生体計測
- ◇　電気学会　センサ・マイクロマシン部門　環境・福祉分野におけるスマートセンシング調査専門委員会幹事
- ◇　2.4 節，3.6 節，4.5 節，4.6 節の執筆を担当

松本裕之

岩崎電気㈱　新技術開発部　課長

◇　1999年　東洋大学　大学院工学研究科　電気工学専攻　修了，同年岩崎電気㈱入社
　　2010年　金沢大学　大学院自然科学研究科　システム創成科学専攻修了，博士（工学）
◇　専門領域：紫外線，電子線，プラズマ応用プロセス，真空，薄膜工学
◇　電気学会　センサ・マイクロマシン部門　環境・福祉分野におけるスマートセンシング調査専門委員会委員
◇　2.5節の執筆を担当

海福雄一郎

㈱ガステック　技術部開発1グループ　グループリーダ

◇　1995年　横浜国立大学　工学部　物質工学科　卒業
　　同年　　㈱ガステック入社　製造部に所属し，2009年より現職
◇　専門領域：機器分析，活性炭，ガスセンサ
◇　電気学会　センサ・マイクロマシン部門　環境・福祉分野におけるスマートセンシング調査専門委員会委員
◇　2.6節の執筆を担当

勝部昭明

埼玉大学　名誉教授　工学博士

◇　1974年　東京大学大学院　工学系研究科博士課程　電子電気工学修了　工学博士
　　同年　　埼玉大学　工学部　電子工学科　助教授
　　1980年10月～1981年　米国ペンシルバニア大学　客員研究員
　　1988年　埼玉大学　工学部　情報工学科　教授
◇　専門領域：半導体表面物性，マイクロエレクトロニクス，化学センサーシステム
◇　電気学会　センサ・マイクロマシン部門　環境・福祉分野におけるスマートセンシング調査専門委員会委員
◇　第2章コラム，5.3節の執筆を担当

安藤　毅

東京電機大学　工学部　電気電子工学科　助教

◇　2012年　埼玉大学　大学院理工学研究科　博士後期課程　理工学専攻修了
　　　　　　博士（工学）
　　同年　　埼玉大学　大学院理工学研究科　産学官連携研究員
　　2013年　東京電機大学　工学部　電気電子工学科　助教　現在に至る
◇　専門領域：電子計測，半導体工学，植物生体計測
◇　電気学会　センサ・マイクロマシン部門　環境・福祉分野におけるスマートセンシング調査専門委員会幹事補
◇　3.1節，3.2節，3.3節，3.9節，第3章コラムの執筆を担当

南戸秀仁

金沢工業大学　大学院高信頼ものづくり専攻　教授
◇　1980 年　大阪大学　工学研究科　原子力工学専攻　博士後期課程修了　工学博士
　　1988 年　金沢工業大学　工学部　電子工学科　教授
　　1988-89 年　マサチューセッツ工科大学（MIT）Visiting Scientist
　　2008 年　金沢工業大学　高度材料科学研究開発センター　所長
　　　　　　応用物理学会フェロー
　　2009 年　同大学　ロボティックス学科　主任教授
　　2013 年　同大学　研究部長
◇　専門領域：センサ物性工学，放射線計測，匂いセンサの研究に従事
◇　電気学会　センサ・マイクロマシン部門　環境・福祉分野におけるスマートセンシング調査専門委員会委員
◇　3.4 節，3.5 節，3.7 節の執筆を担当

石垣　陽

ヤグチ電子工業㈱　取締役 CTO ／電気通信大学大学院　プロジェクト研究員
◇　2002 年　セコム㈱　IS 研究所入社，政府認証基盤や遠隔医療システム等の研究に従事
　　2010 年　多摩美術大学大学院　美術研究科　博士前期課程修了　修士（芸術）
　　2011 年　東日本大震災を期に市民放射線監視プロジェクト Radiation-Watch.org 設立
　　2014 年　ヤグチ電子工業㈱　取締役 CTO 就任
　　同年　　電気通信大学大学院　情報システム学研究科　博士後期課程短縮修了
　　　　　　博士（工学）
◇　専門領域：参加型開発，スマートフォンによる環境計測
◇　3.8 節の執筆を担当

外山　滋

国立障害者リハビリテーションセンター研究所　生体工学研究室長
◇　1992 年　東京工業大学　大学院理工学研究科　化学工学専攻　博士後期課程終了
　　　　　　博士（工学）
◇　専門領域：センサ工学，生物工学，現在は障害者用機器のためのセンサや生体
　　　　　　　電極の開発を行っている
◇　電気学会　センサ・マイクロマシン部門　環境・福祉分野におけるスマートセンシング調査専門委員会委員
◇　4.1 節，4.2 節，4.4 節，4.7 節の執筆を担当

原　和裕

東京電機大学　工学部　電気電子工学科　教授
◇　1977 年　東京大学大学院博士課程修了，工学博士
　　同年　　　東京電機大学　講師
　　1992 年　同大　教授，現在に至る
◇　専門領域：環境計測用センサ，ガスセンサ，においセンサ，湿度センサの開発
◇　電気学会　センサ・マイクロマシン部門　環境・福祉分野におけるスマートセンシング調査専門委員会委員
◇　4.3 節の執筆を担当

中川益生

岡山理科大学　理学部　応用物理学科　名誉教授　理学博士
◇　電気学会　センサ・マイクロマシン部門　環境・福祉分野におけるスマートセンシング調査専門委員会委員
◇　第 4 章コラムを担当

南保英孝

金沢大学　理工学域電子情報学系　准教授
◇　1999 年　金沢大学　大学院自然科学研究科　システム科学専攻修了
　　同年　　　金沢大学　工学部　電気・情報工学科　助手
　　2015 年より現職，博士（工学）
◇　専門領域：人工知能，データマイニング，センサ情報処理
◇　電気学会　センサ・マイクロマシン部門　環境・福祉分野におけるスマートセンシング調査専門委員会幹事
◇　5.1 節，5.4 節，5.5 節の執筆を担当

川瀬利弘

東京工業大学　科学技術創成研究院　バイオインタフェース研究ユニット　特任助教
◇　2012 年　東京工業大学　大学院総合理工学研究科　知能システム科学専攻
　　　　　　　博士課程修了　博士（工学）
　　同年　　　国立障害者リハビリテーションセンター研究所　流動研究員
　　2016 年より現職
◇　専門領域：生体信号処理，リハビリテーション工学，計算論的神経科学
◇　5.2 節の執筆を担当

大薮多可志

国際ビジネス学院　学院長

◇　1973 年　工学院大学　工学研究科　修士課程修了
　　1975 年　早稲田大学　第二文学部　英文学科　卒業
　　金沢星稜大学　経済学部　教授を経て 2014 年より現職，工学博士
◇　専門領域：センサシステム，ヘルスケアシステム，観光戦略
◇　電気学会　センサ・マイクロマシン部門　環境・福祉分野におけるスマートセンシング調査専門委員会委員
◇　5.3 節，第 5 章コラムの執筆を担当

目　次

第1章　スマートセンシング　　野田和俊

1.1　はじめに …………………………… 1
1.2　スマートセンサの定義と背景 …… 4
1.3　スマートセンサを取り巻く状況とその効果 …………………………… 5

第2章　環境に関わるケミカルセンシング

2.1　はじめに ………………田中　勲… 9
2.2　ガスセンサ ……………寺内靖裕… 10
　2.2.1　ガスセンサの現状技術………… 12
　　1)　ガスセンサと検知器のシステムの組み合わせによるスマート化…… 12
　　2)　ガスセンサとMEMS技術について ……………………………… 12
　　3)　ガスセンサに搭載されているスマート技術……………………… 13
　2.2.2　課題と展望……………………… 14
　　1)　操作・管理面でのスマート化…… 14
　　2)　情報処理に関するスマート化…… 15
2.3　室内・生産施設環境とケミカルセンサ ………………………田中　勲… 17
　2.3.1　現状技術………………………… 17
　　1)　クリーンルーム用QCMセンサ… 17
　　2)　マイクロアンモニアモニタ……… 20
　　3)　クリーンルーム用有機ガス自動モニタリングシステム…………… 22
　　4)　医薬品生産施設の高活性薬塵モニタリング……………………… 23
　2.3.2　課題と展望……………………… 26
　　1)　クリーンルームBEMSの紹介と今後の展望……………………… 26
2.4　PM$_{2.5}$ ……………長谷川有貴… 30
　2.4.1　PM$_{2.5}$とは …………………… 30
　2.4.2　PM$_{2.5}$の発生源と生成メカニズム ………………………………… 31
　2.4.3　現状技術………………………… 33
　2.4.4　課題と展望……………………… 34
2.5　医療・排ガス・匂い ……松本裕之… 36
　2.5.1　医療，排ガス，匂い検知の現状技術………………………………… 36
　　1)　医療関連ガス検知の現状技術…… 36
　　2)　排ガスセンサの現状技術………… 39
　　3)　匂い（嗅覚）センサの現状技術… 41
　2.5.2　課題と展望……………………… 45
2.6　労働衛生分野における適用事例・具体例 ………………海福雄一郎… 46
　2.6.1　労働衛生分野におけるスマートセンシングの役割……………… 46
　2.6.2　労働安全分野におけるセンシングの基本的な考え方…………… 46
　2.6.3　曝露測定………………………… 47
　2.6.4　センシング機器………………… 48
　2.6.5　活用事例………………………… 48
　　1)　溶接作業中の一酸化炭素測定…… 48
　　2)　火災，災害現場におけるセンシ

ング……………………………… 49
　3) ビデオ曝露モニタリング（VEM）
　　　システム…………………………… 50
　4) メタノール使用施設におけるVEM
　　　システムの活用事例……………… 50
　5) 排水処理場における硫化水素の連
　　　続モニタリング…………………… 50
　6) 農業集落排水処理場における汚泥
　　　貯留槽内の硫化水素モニタリング
　　　事例………………………………… 52
　2.6.6 課題と展望……………………… 53
2.7 まとめ ……………………田中　勲… 55

コラム　粒子状物質汚染………勝部昭明… 56

第3章　環境に関わるフィジカルセンシング

3.1 はじめに ………………安藤　毅… 59
3.2 屋内環境におけるスマートセンシング
　　　　　　　　　　　　　安藤　毅… 61
　3.2.1 屋内環境におけるフィジカルセン
　　　　サの役割…………………………… 61
　3.2.2 エコ家電…………………………… 61
　1) 人感センサ…………………………… 61
　2) 照度センサ…………………………… 62
　3) 温度センサ…………………………… 62
　4) 対物センサ…………………………… 64
　5) カメラ………………………………… 65
　3.2.3 スマート家電……………………… 65
　1) 通信機能……………………………… 66
　2) 遠隔操作……………………………… 66
　3) 見える化……………………………… 67
　4) スマートフォンのセンサとの連携
　　　………………………………………… 68
　5) スマート家電が有する情報処理
　　　機能…………………………………… 69
　6) 自動掃除ロボット…………………… 71
　3.2.4 スマートハウス…………………… 71
　1) HEMS………………………………… 71
　2) スマートメーター…………………… 73
　3.2.5 ビルエネルギー管理システム
　　　　BEMS ……………………………… 74
　3.2.6 BEMSにおけるセンシング活用
　　　　事例………………………………… 75
　1) 各種設備の自動制御………………… 75
　2) 施設管理システムとの連携制御…… 77
　3) ネットワークによるデータ収集と
　　　「見せる化」………………………… 77
　3.2.7 課題と展望………………………… 78
3.3 スマートセンシングのためのエネル
　　ギーハーベスティング …安藤　毅… 84
　3.3.1 スマートセンシングの電源問題… 84
　3.3.2 エネルギーハーベスティングの
　　　　実用事例…………………………… 84
　3.3.3 スマートセンシングとエネルギー
　　　　ハーベスティングの今後………… 85
3.4 ビッグデータを用いたスマートセン
　　シング ……………………南戸秀仁… 89
　3.4.1 トリリオンセンサ社会におけるス
　　　　マートセンシング………………… 89
　1) センサから得られるデータを分析・
　　　解釈する技術を高度化する流れ… 89
　2) トリリオンセンサを用いて収集し
　　　たビッグデータを統合して役立つ
　　　情報を抽出する流れ……………… 89
　3.4.2 トリリオンセンサを用いたスマー
　　　　トセンシング技術の応用分野…… 89

1)	医療・ヘルスケア分野への応用	90
2)	自動車分野への応用	90
3)	土木・建築分野への応用	91

3.4.3 ビッグデータとIoT，IoE技術 … 91
3.4.4 トリリオンセンサによるエネルギーハーベスティング技術 … 91
3.4.5 赤外線画像によるトリリオンセンシング技術 … 92
3.4.6 トリリオンセンサとネットワークによる家電制御技術 … 92
3.4.7 様々なセンサと処理回路を集積化したMEMS技術によるトリリオンセンシング技術 … 93
3.4.8 新ビジネス創生のためのトリリオンセンサ技術の最新動向 … 93
3.4.9 課題と展望 … 94

3.5 センシアブルシティ ……南戸秀仁… 95
 3.5.1 スマートコミュニティ … 95
 3.5.2 センシアブルシティ（Senseable City） … 96
 3.5.3 課題と展望 … 97

3.6 農業のスマートセンシング
 ……長谷川有貴… 98
 3.6.1 農業におけるセンシング対象 … 98
 3.6.2 農業におけるスマートセンシング … 99
 3.6.3 課題と展望 … 100

3.7 スマートセンサを用いた放射線量モニタリング ……南戸秀仁… 102
 3.7.1 パッシブタイプ放射線センサ … 102
 3.7.2 蛍光ガラス線量計におけるラジオフォトルミネッセンス … 102
 3.7.3 蛍光ガラスを用いた放射線量の可視化技術 … 104
 3.7.4 放射線センサを搭載したヘリ型ロボットによる線量分布モニタリング … 106
 3.7.5 簡易放射線センサ「ポケットガイガー」を用いた線量分布モニタリング … 107
 3.7.6 課題と展望 … 107

3.8 参加型の放射線モニタリング事例
 ……石垣 陽… 109
 3.8.1 ポケットガイガー … 110
 3.8.2 開発の動機 … 110
 3.8.3 ハードウェア設計 … 112
  1) 汎用半導体センサ … 112
  2) スマートフォンの利用 … 113
  3) DIYによる半製品化 … 113
 3.8.4 γ線検出回路の設計 … 114
 3.8.5 ソフトウェア設計 … 116
 3.8.6 参加型開発 … 116
  1) クラウドファンディング … 117
  2) ソーシャルメディアとパブリシティ … 117
  3) オープンソース型の産学連携研究 … 117
  4) ソーシャルプロダクト化 … 118
 3.8.7 「測定」から「共有」，そして「議論」へ … 119
 3.8.8 課題と展望 … 121

3.9 まとめ ……安藤 毅… 124

コラム スマートセンシングとプライバシー ……安藤 毅… 125

第4章　人体に関わるケミカルセンシング

- 4.1 はじめに ……………**外山 滋**… 129
- 4.2 侵襲型・低侵襲型デバイス
  　　　　　　　　　　外山 滋… 131
  - 4.2.1 健康管理のためのセンサ ………… 132
    - 1) 皮下留置型の連続モニタリング血糖値センサなど…………………… 132
    - 2) その他の体内埋め込み型ケミカルセンサ ………………………… 133
  - 4.2.2 身体障害者のQOL向上を目指した体内埋め込み電極 ………………… 134
    - 1) BMIのための脳内埋め込み型脳波電極 ………………………………… 135
    - 2) 人工内耳 ……………………………… 136
    - 3) 人工網膜 ……………………………… 136
  - 4.2.3 管理のためのデバイス …………… 136
    - 1) Passive integrated tag (PIT) タグ ………………………………… 136
    - 2) 人体用RFIDタグ ………………… 137
  - 4.2.4 侵襲型デバイスをサポートするための補助デバイス ………………… 137
    - 1) フレキシブル電極 ………………… 137
    - 2) 体内と体外との間の通信手段 …… 138
    - 3) 体内電源 ……………………………… 138
  - 4.2.5 課題と展望 ………………………… 139
- 4.3 人体から放出されるガス・においのセンシング ………**原 和裕**… 146
  - 4.3.1 皮膚ガスとそのセンシング ……… 146
    - 1) 皮膚ガスとは ………………………… 146
    - 2) 皮膚ガスと健康状態・疾病との関係 ………………………………… 147
    - 3) 皮膚ガスの検出方法 ……………… 148
    - 4) 皮膚ガスのスマートセンシング… 149
  - 4.3.2 呼気ガスとそのセンシング ……… 150
    - 1) 呼気ガスとは ………………………… 150
    - 2) 呼気ガスと健康状態・疾病との関係 ………………………………… 151
    - 3) 呼気ガスの検出方法 ……………… 152
    - 4) 呼気ガスのスマートセンシング… 154
  - 4.3.3 課題と展望 ………………………… 154
- 4.4 汗のケミカルセンシング
  　　　　　　　　　　外山 滋… 158
- 4.5 味覚のセンシング ………**長谷川有貴**… 161
  - 4.5.1 味覚の仕組み ……………………… 161
  - 4.5.2 味覚のセンシング ………………… 162
    - 1) 人工脂質膜センサ ………………… 162
    - 2) イオン選択膜センサ ……………… 162
    - 3) LB（Langmuir-Blodgett）膜センサ ………………………………… 163
    - 4) 近赤外分光測定によるセンシング ………………………………… 164
    - 5) 味細胞，味受容体センサ ………… 165
  - 4.5.3 課題と展望 ………………………… 165
- 4.6 食品劣化のセンシング
  　　　　　　　　　　長谷川有貴… 169
  - 4.6.1 食品の劣化 ………………………… 169
  - 4.6.2 食品劣化のセンシング …………… 169
  - 4.6.3 課題と展望 ………………………… 171
- 4.7 まとめ ……………**外山 滋**… 173

コラム 究極のスマートセンサ
　　　　　　　　　　中川益生… 174

第5章 からだに関わるフィジカルセンシング

5.1 はじめに ……………**南保英孝**… 177
5.2 生体信号を使ったウェアラブルデバイス ……………**川瀬利弘**… 178
 5.2.1 はじめに……………………… 178
 5.2.2 筋活動に関する生体信号………… 178
 5.2.3 脳活動に関する生体信号………… 180
 5.2.4 その他の生体信号……………… 181
 5.2.5 おわりに……………………… 181
5.3 ウォーキングによる高齢者健康維持と健康寿命延伸
 ……………**大薮多可志，勝部昭明**… 184
 5.3.1 日本の高齢社会………………… 184
 5.3.2 健康測定機器…………………… 184
 5.3.3 健康維持のための運動………… 186
 5.3.4 歩数特性……………………… 187
  1) 実験方法……………………… 187
  2) 実験結果……………………… 188
 5.3.5 Walking による健康まちづくり… 193
 5.3.6 課題と展望……………………… 194

5.4 計測・蓄積データの利活用～ライフログとゲーミフィケーション～
 ……………**南保英孝**… 196
 5.4.1 ライフログ……………………… 196
  1) 通信機能付き健康測定機器によるライフログ……………………… 197
  2) 健康に関するその他のライフログ……………………… 198
 5.4.2 ライフログの問題点…………… 199
 5.4.3 ゲーミフィケーション………… 199
  1) 健康管理とゲーミフィケーション……………………… 201
  2) 健康増進とゲーミフィケーション……………………… 202
 5.4.4 ゲーミフィケーションの将来展望……………………… 203
5.5 まとめ ……………**南保英孝**… 205

コラム 観光とセンサ ………**大薮多可志**… 206

本書籍に掲載されている会社名・製品名・サービス名の名称は，各社が登録商標として使用している場合があります。

第1章 スマートセンシング

1.1 はじめに

野田和俊[*]

　インターネットが当たり前のように生活の中に入り込んでいる社会環境となった。1980年台前半でも「電話」と言えば，有線の黒電話である「固定電話」が普通であったが，現在では有線電話よりも「携帯」で会話が通じる「携帯電話」が一般化しつつある。固定電話も従来のメタル線よりも光回線による固定電話が増えている状況である。この電話も通話手段というよりもインターネット回線を通じた情報機器の一つ，と言った方がよいかもしれない。このように急激にインターネットが普及したことから，PCのみならず，タブレットなどの情報機器や各種センシングデバイスも自由に接続してデータの送受信が行える状況である。これから，IoT（Internet of Things）の時代[1]と呼ばれるようになった。インターネット回線も，光回線や無線化でネットワーク環境が一般家庭や社会に広く普及し，今後は現在よりも高速化，大容量へとますます進化することが予想される。インターネット回線の環境が一般に広がりはじめた1990年代後半からすでに20年以上が経過している。この20年の間に，多くの家庭ではTV同様PCはごく当たり前のように使われており，タブレット，スマートフォンなど何らかの情報端末があるのがごく普通になりつつある。ここで，図1.1に示すように総務省通信利用動向調査[2]において一般家庭におけるインターネット利用者数（推計）を見ても，1990年後半から急激に増加し，2005年にはすでに増加率が鈍化している状況である。これは，利用者数，人口普及率とも同様な傾向である。利用者数は1億人程度を示しているが，普及率は80%を超えたところでの鈍化となっていることから，今後は未利用者などインターネット弱者（情報弱者，情報格差）への課題もある。

　次に，図1.2に，1ヶ月あたりのトラヒック量について示す。固定通信の下り（ダウンロード）については，2010年頃から増加率が顕著であることが示されている。それと比較して，上り（アップロード）の増加率はあまり変化していない。これから，PCを含む各種の情報端末での利用は，ユーザーが，もっぱらクラウド上の情報を利用するのが主で，自ら大量の情報を発信することは多くないことが示されている。これは，移動通信（携帯電話等）についても同様な傾向である。

　さて，インターネット環境は携帯電話に代表されるように，ここ20年で，特に2000年以降の10年間に急激な進化を遂げている。携帯電話がPC化したスマートフォンによって，各種セン

---

[*] Kazutoshi Noda　（国研）産業技術総合研究所　環境管理研究部門
　　環境計測技術研究グループ　主任研究員

環境と福祉を支えるスマートセンシング

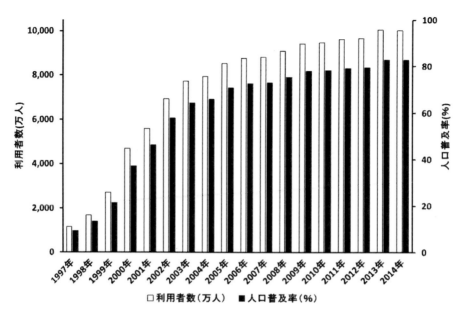

図 1.1　インターネット利用者数（推定）の一例

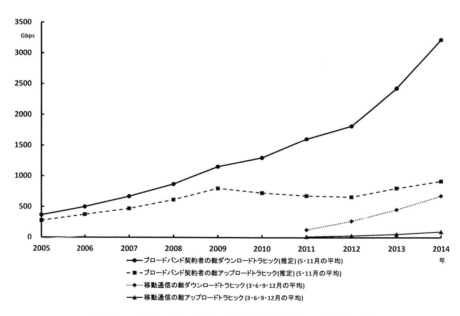

図 1.2　インターネット1ヶ月あたりのトラヒック量の一例

サデバイスについても，小型化・高性能化が著しい状況である．これは，このスマートフォンなど携帯情報端末内に数多くのセンサデバイスが必要となったことが一因であることは間違いない．スマートフォンの多くの筐体の大きさは，概ね 120×70×10 mm 程度以内であり，この筐

第1章　スマートセンシング

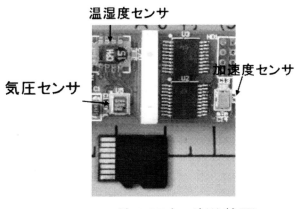

図 1.3　小型センサデバイスの一例

体の中に位置情報（GPS），傾き情報，明るさ，接触などのセンサが内蔵されている。また，多くのアプリケーションソフトもこれらのセンサを何らかの形で利用している。さらに，温度や電圧などのセンサも内蔵されており，マイクも含めると多くの小型センサをスマートフォンが活用していることになる。一部の機器に限定されるが，放射線測定機能を有しているスマートフォン[3]もある。このように，スマートフォンのような限られたスペースにセンサデバイスを納め，かつ規定の電圧で限られた電力量（内蔵バッテリ）で動作する必要があり，さらに数年程度の耐久性も必要という，非常に過酷な条件を克服しなければならない。図 1.3 に小型センサデバイスの一例を示す。

　このように，従来のセンサの発展形とも言える，小型化・多機能化・多集積された形でCPU機能も有した形態の，いわゆるスマートセンサが開発され，さらに進化している。スマートセンサとして進化し続けている各種センサでは，温度や圧力・振動などのフィジカルセンサが多い。それと比較して，ガスセンサとしての匂いや VOC（Volatile Organic Compounds），味などをセンシングするケミカルセンサについては，フィジカルセンサほど顕著な発展が見られない状況である。その原因の一つとして，測定原理上，ケミカルセンサの多くはバッチ測定を前提とした利用形態であるため，特にベースラインやゼロ点の補正が必要なことから連続測定では課題が多いという状況がある。また，スマートフォンなどでは数年単位の耐久性が求められるため，この課題の克服も重要となっている。こうしたことから，スマートフォンや一般家庭での利用が非常に少ないため，発展もなかなか進まない要因の一つと考えられる。

　人間が社会生活をおくる上で重要なこととして，安心，安全な社会であることが必要である。一般社会においては，自然災害，特に気象関係の情報は重要な内容になっている。また，健康に長寿を全うできるような福祉面での要求も非常に重要である。このように，福祉分野においても安全，安心な生活を過ごすために役立つスマートセンサの必要性が高い。

これらを背景に，センサデバイスの技術開発が進められているが，スマートフォンのみならず，自動車や工場，農業など多種多様な利用形態があり，センサの種類やアプリケーション，スペックなどについてもその使用環境と要求内容，必要性などが多すぎるため，これらを系統立ててまとめた調査資料が少ない状況である。特に，環境・福祉分野におけるケミカルセンサのスマートセンサ化について，その必要性や重要性は高いものの，その内容を十分把握してまとめられた資料がないのが実情である。

以上より，今後この分野におけるスマートセンサ開発が重要であることから，主に味や匂い・ガスなどケミカルセンサを中心に，環境・福祉分野におけるスマートセンシング技術のあるべき方向性を明らかにする。

1.2 スマートセンサの定義と背景

「スマートセンサ」，「スマートセンシング」（以下，基本的にはスマートセンサ）と言われることが多いものの，これらの示す意味や範囲について，明確な定義は現状ではない。

本書では，次のような内容で基本的な定義を行うものとする。

① 小型・軽量化されたセンサ
② 高精度・多機能・高選択性センサ（システム）
③ センサ部または周辺部を含めて解析や情報処理機能を有するか，その機能を何らかの形で外部に委託し，演算した結果のみを活用するようなセンサ
④ センサ信号としては，デジタル信号が扱えるセンサ
⑤ データの送受信が可能なセンサ

はじめに，「①小型・軽量化されたセンサ」については，いつでも，どこでも，どのような機器（システム）でも利用しやすい形態であることが必須であることは言うまでもない。ただし，必ずしも小型，軽量化されていなくても他の項目に該当するようなセンサデバイスもここでは含めるものとする。

「②高精度・多機能・高選択性センサ（システム）」については，従来のセンサと同様に測定するデバイスとしては，現状よりも精度が良好になることは言うまでもなく，さらに機能も増え，環境など他の影響を受けにくいセンサであるべきである。ただし，数値化した詳細な内容を定義することは難しいため，従来型のセンサと比較してこのような特長が示されるものとする。

「③センサ部または周辺部を含めて解析や情報処理機能を有するか，その機能を何らかの形で外部に委託し，演算した結果のみを活用するようなセンサ」については，センサエージェント[4]やインテリジェントセンサと呼ばれたセンサ等も類似の定義が行われている。その際は，ネットワーク回線も含めた検討は行われておらず，基本的にはそのセンサ，またはその周辺を含めて完結するデバイスやシステムを検討したものであった。スマートセンサもこの部分は含まれるが，大きく異なる点は，演算等処理に相当する部分が必須である必要はなく，その機能を何からの方

第 1 章　スマートセンシング

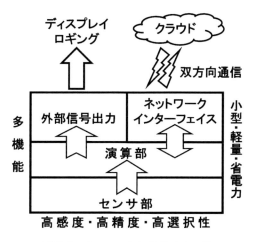

図 1.4　スマートセンサのイメージ

法（ネットワーク接続とクラウドなど）で補い対応できる機能を有するものであればよいと考える。

「④センサ信号としては，デジタル信号が扱えるセンサ」については，近年開発されている多くのセンサデバイスはデジタル信号が標準対応となっている。特に，$I^2C^{(5)}$ バスを利用したものが多い。ここでの定義上はデジタル信号としているが，センサデバイスは同じであるものの，接続する機器によってはアナログ信号が都合の良いセンサも現状としては多いため，必ずしもデジタル信号だけに限定した意味ではない。

「⑤データの送受信が可能なセンサ」については，「③」の通り，検知した信号処理などを外部（クラウド上）に委託する場合には何らかの通信手法が必要である。基本的には無線通信（ワイヤレス）が前提であるものの，状況によっては有線が有効な場合も考えられるため，必ずしも無線通信だけに限定した定義ではない。

これらの定義をイメージしたスマートセンサの構想例を図 1.4 に示す。

1.3　スマートセンサを取り巻く状況とその効果

センサとネットワークの発達により，センシングの環境も以前と比べると大きく変化している。センサの小型化，省電力化はもちろんのこと，信頼性も向上し，可搬性や長期計測での利用などについても増加傾向である。この背景として，ネットワーク環境の普及と進化も一因として挙げられる。電力や気象，鉄道など一部の産業においては，以前から専用回線を使った集中監視と制御を行っていた。これに類似したシステムとして，固定電話回線を通じたインターネット接続（通信速度 kbps 単位）によるデータ監視などもあった。しかし，現在では高速無線通信が主流（通信速度 Gbps 単位）の環境へと急激に変化した。さらに，安価で誰にでも取り扱いが容易

なデバイス機器も販売されるようになって，一部の産業のみならず，個人や小規模企業などでも自由にオリジナルのシステムを設計し，有効活用している。その相乗効果によって，さらにネットワークに繋がる多様なセンサを備えたデバイスも増加している。

　最近の動向の一例として，健康・福祉分野では容易に腕に取り付け，軽量なリストバンドタイプの活動量計の利用者が増加している。機器内容と比較して安価であるため利用しやすく，これからこの活動量計に関わる機器も，その内容や目的に応じていろいろなメーカーから販売されている[6]。ここで，活動量に関するリストバンドタイプのモニタリングの多くは日常の消費カロリー等を計測し，記録することができる機器を指すものが多い。この機器は，米国から発達したと言われ，現地では「ライフログツール」とも呼ばれている[6]。これらの機器は，通常スマートフォンとペアで接続して利用することを前提としたデバイスがほとんどである。これに類似した以前の機器として，万歩計がある。従来の万歩計は，歩いた歩数のみを表示する機器が多く，その後はカロリー計算を行う機器へと進化した。それに対して，活動量計は歩数ではカウントできない運動以外の日常生活におけるデスクワークや家事，余暇活動，睡眠など，幅広い人間活動における全ての消費カロリーも測定できることが大きな特長となっている。このウェアラブル機器にはフィジカルセンサとしての加速度センサ，脈拍センサなどが主に利用されている。

　環境分野では，リストバンドタイプのような活動量計と同様に利用が近年顕著に増加している機器類は残念ながらない。これは，環境分野での測定要求が多岐にわたっており，各要求内容の質・量ともニッチな条件であることも一因と考えられる。このようなニッチな状況において，主に研究者やベンチャー企業などが安価かつ容易にセンシングシステムを試作・開発するツールの一つとして，Raspberry Pi*（ラズベリー パイ，以下 RPi）を活用したシステム化が進められている（図 1.5）。この機器は，基本的にオープン化されたシステム環境であり，シングルボードコ

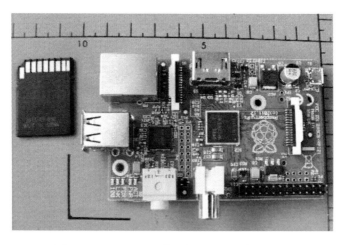

図 1.5　Raspberry Pi（ラズベリー パイ）の一例
*Raspberry Pi Foundation による開発・商標

第1章　スマートセンシング

図 1.6　SNS と RPi を活用した環境計測システムの一例

ンピュータとして費用対効果に優れ，すでに世界で 500 万台以上が販売されているといわれている。OS（Linux など）やソフトを市販の SD カードに書き込み，そのメディアを通じて利用できる環境である。通常の PC と同じ USB インターフェイスは標準で内蔵されており，Wi-Fi 環境にも容易に適応しており，その他市販の汎用製品も利用できる点も利用者が多い理由の一つとなっている。従来のシステム開発では，「センサ（デバイス）+PC」による試作化や製品化が行われていたが，この PC に相当する部分を RPi に置き換えてシステム応用が進められている例が多い。例えば，スマートフォンや小型温湿度データロガーなどで使用されているセンサデバイスとしての温度センサ・湿度センサ・気圧センサ・3 軸加速度センサなどを利用した室内環境モニタリングシステムの試作なども行われている（図 1.6）。このシステムでは，各センサから得られた信号はソーシャルネットワーキングサービス（SNS）を使って，いつでもどこでも誰に対しても情報公開を行っており，またそのデータを活用できることから，今後の動向が注目されている。

　味や匂いなどのスマートセンサについては，大学や研究機関で活発な開発が進められている[7],[8]。現状では，多くが研究開発の途中であり，今後のスマートセンサ化について期待されている状況である。

　さて，このようにスマートセンサを取り巻く状況の変化を調査して検討する事項として，
- 環境・福祉分野におけるスマートセンシング技術の現状と問題点，将来展望
- 環境・福祉分野を今後発展させるために必要なセンシング技術とその内容
- スマートセンサとしての味・匂い・ガスなどのセンシング技術とその内容
- スマートセンサとしてのケミカルセンサの今後の発展とそのあるべき姿

などを中心に，個別の内容を詳細に調査した。本書では，表 1.1 に示す 4 分野に分類して，以後調査内容をまとめている。

　これらの詳細な調査によって，まとめられた資料の有効性を検討すると，次の通りである。

環境と福祉を支えるスマートセンシング

表 1.1 環境・福祉分野におけるスマートセンシング分類

調査範囲		主な調査内容
環境	ケミカル	ガス発生源（住居・人），ガスセンサ，医療関係，事業所等排ガス，におい，生産施設環境，化学物質センシング，PM2.5，労働・作業環境など
	フィジカル	スマート家電，BEMS，エネルギーハーベスティング，センシアブルシティ，農業生産，放射線モニタリングなど
人体（福祉）	ケミカル	侵襲・低侵襲型デバイス，血糖値，呼気，体臭，汗，VOC，味覚，食品劣化など
	フィジカル	ウェアラブルデバイス，脳波，BMI，心拍，血圧，歩数，ライフログ，健康寿命，ゲーミフィケーションなど

- 環境・福祉分野におけるスマートセンサに関する技術の現状と今後必要なセンサ技術やスペックを明らかにし，最適なセンシングシステムの開発に向けて有効になる。
- 次世代の環境・福祉分野で利用可能なセンシング技術への要求が明らかになる。
- 要求される環境・福祉分野のセンシング技術によって，それらに関する基礎データが得やすくなる。
- 環境・福祉分野の今後のあるべき姿としてのスマートセンサの将来性を示すことによって，今後の対応が容易になるだけではなく，新技術の開発や研究，応用への展望が見いだせる。

本章以降は，各スマートセンサ，デバイス等の詳細な内容と特長，今後の展開などについて記述する。

参考文献

(1) 神永晋，金尾寛人，「トリリオンセンサ社会の到来と今後の課題―年間1兆個のセンサを用いたネットワーク社会と MEMS の役割―」，電気学会誌，Vol. 135, No. 2, pp. 91-94 (2015)
(2) 総務省情報通信統計データベース：
http://www.soumu.go.jp/johotsusintokei/field/tsuushin00.html/
(3) ソフトバンクホームページ：
http://www.softbank.jp/mobile/products/list/107sh-prepaid/feature-3/
(4) センサエージェント―21世紀の環境・医療センシング―，センサエージェント調査研究委員会編，SBN4-303-71030-X (2003年)
(5) 芹井滋喜，I^2C インターフェイスの使いかた，トランジスタ技術，2006年6月号，pp.160-161 (2006)
(6) 例えば，JAWBONE ホームページなど：https://jawbone.com/up/trackers
(7) 中本高道，「アレイ型ガス・匂いセンサ」，電気学会論文誌 E，Vol.135, No.8, pp.281-286 (2015)
(8) 林健司，「光学的化学センサ」，電気学会論文誌 E，Vol.135, No.8, pp.299-304 (2015)

第 2 章　環境に関わるケミカルセンシング

2.1　はじめに

田中　勲*

　環境分野におけるケミカルセンシングにおいては，極低濃度でも人体や生産プロセスに影響を及ぼす様々なガス・化学物質を，高感度に，かつ手軽にモニタリングする技術の開発が進められている。さらに，昨今では単純にガスに反応して発生するセンサの電気的出力だけでなく，出力の判定やトレンドの記憶機能を搭載したセンサが注目を集めている。センシングの信頼性を向上させる目的であり，これらはスマートセンサと呼ばれる。今後は，判定結果をもとに最適な環境の制御を単純なシステムで実現する技術が開発され実用化されていくものと期待される。

　本章では，"環境分野におけるケミカルセンシング"に関連する分野の現状技術，および課題と展望として，"ガスセンサ"，"室内・生産施設環境とケミカルセンサ"，"$PM_{2.5}$"，"医療，排ガス，匂い検知の現状技術"，"労働衛生分野における適用事例・具体例"について紹介する。

＊　Isao Tanaka　清水建設㈱　技術研究所　環境基盤技術センター　医療環境 G　グループ長

2.2 ガスセンサ

寺内靖裕*

　ガスセンサは，大気中に存在するガスのうち，センサを設置する機器や，人体に影響を及ぼすガスが管理濃度を超えた場合に，何らかの手段により管理者・作業者に案内をすることに非常に有用である。ここで言う管理濃度とは，ACGIH（American Conference of Governmental Industrial Hygienists：アメリカ合衆国産業衛生専門家会議）が設定するTLV（Threshold Limit Value：作業環境許容濃度）や，日本産業衛生学会が設定する管理濃度値が主な目安となるが，自主的な管理濃度を設定し，その濃度に対する案内を行う場合もある。

　ガスセンサの原理の一例を表2.2.1に示した。それぞれの原理に長所・短所があり，測定可能なガス種や濃度域も異なるが，これらのセンサ原理の中から，適した原理を選択し，幅広いガス種をカバーしている。

　表2.2.1に記載の原理のうち，ppbオーダーの極低濃度から測定が可能な光イオン化式センサ（PID：Photoionization Detector）の原理を紹介する。PIDは，検知対象ガスに紫外線を照射してイオン化し，このとき発生するイオン電流からガス濃度を検知するガス検知センサである。代表的な検知部の構造を図2.2.1に示す。

　検知部は，検知対象ガスが導入されるイオン化室，光源である紫外線ランプ，イオン電流を検出する正負の2つの電極から構成されている。検知対象ガスがイオン化室に入ると，光源（紫外

表2.2.1　ガスセンサの原理と検知濃度範囲

センサ原理	検知濃度範囲
接触燃焼式	
ニューセラミック式	
半導体式	
熱線型半導体式	
熱伝導式	
定電位電解式	
隔膜分離型定電位電解式	
隔膜ガルバニ電池式	
ジルコニア固体電解質式	
非分散型赤外線式	
光波干渉式	
検知テープ式	
差分吸収分光法（DOAS）	
アーク紫外光分光式	
水素炎イオン化式	
化学発光法（ケミルミネッセンス法）	
熱粒子化式	
干渉増幅反射法（IER法）	
熱イオン化式	
触媒酸化式	
光イオン化式（PID）	

＊　Yasuhiro Terauchi　理研計器㈱　営業技術部　マーケティング課　セールスエキスパート

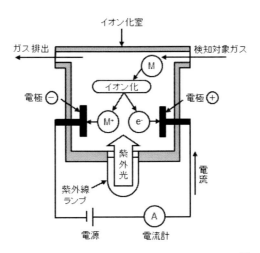

図 2.2.1　光イオン化方式（PID）の検知部構造[1]

線ランプ）から照射された紫外光により，検知対象ガスから電子が放出され，陽イオンが生成される。生成された陽イオンと電子は正負各電極に引き寄せられ，電流が発生する。この電流はガス濃度に比例しているため，検知対象ガスの濃度を測定することができる。

　検知対象ガスをイオン化するには，各ガス固有のイオン化エネルギーよりも大きな光子エネルギーを照射する必要がある。光子エネルギーの単位はエレクトロンボルト（eV）で表示され，光子エネルギーが大きいランプほど，多くの検知対象ガスをイオン化することができる。

　PID は，有機・無機を問わず広範囲のガスを検知できるが，一般的に ppb から ppm レベルの揮発性有機化合物（VOC：Volatile Organic Compound）の測定に使用され，環境モニタリングやリスクアセスメントの評価に有効である。

　多くのガスが目に見えない形で存在する。また，においを発するガスもあれば発しないガスもある。視覚的にも嗅覚的にも捕らえられないにも関わらず，極低濃度で人体に中毒，呼吸困難を及ぼすガスや，爆発等による甚大な影響を及ぼすガスは少なくない。そのため，ガスセンサは見えないガス濃度を「見える化」することにより危険から人々を守り，安全・安心して生産・作業に従事してもらうための技術を盛り込むことが必須である。また，安全・安心を提供しながらも，小型，軽量，堅牢性，防塵，防爆，防水といった物理的な要求と，温度と湿度，他ガスの影響，流量，繰り返し精度といった化学的な要求が求められる。昨今では，安全・安心を提供するセンサが安全・安心な材料を使用し，省エネ，省電力，リサイクル性といった環境に配慮した要求や，メンテナンスのしやすさ，日常点検の軽減化，通信技術の導入といった，取り扱いやコストダウンに配慮した要求も多い。本節では，そのような要求に対応した現状技術，および課題と今後の動向について紹介する。

2.2.1 ガスセンサの現状技術

1) ガスセンサと検知器のシステムの組み合わせによるスマート化

　ガスセンサは本来，先に述べたような見えないガス濃度を見える化することが目的であるが，単純な出力だけでなく，それに付帯する技術として，ガス濃度のトレンドを記録・管理し，有事や無事の際の証明や解析に使用することを多く求められる。そのため，メモリー機能を検知器に搭載することによるスマート化技術は最近のトレンドである。

　図 2.2.2 に示した検知器は，電源を投入し，測定を実施している間の数値（トレンドメモリー）や，注意報・警報といったアラームが動作した際，および故障等が発生した際の記録（イベントメモリー）を本体内に記録し，赤外線通信を介して，パソコン上に記録されたデータを取り出すことが可能である。トレンドメモリーは，パソコン上にて表計算ソフトを用いた展開が可能で，日常的な濃度の推移や管理を容易に行うことが可能である。

2) ガスセンサと MEMS 技術について

　小型，軽量，省エネルギー，高速化を目標としたスマートセンサの開発に MEMS（Micro Electro Mechanical Systems：微小電気機械システム）の技術は欠かせない。MEMS の技術を導入することにより，ポータブル機器や，個人携帯型（ウェアラブル）の機器，モバイル端末へのガスセンサの実装が可能となる。また，小型化することでできたスペースを利用し，耐久性や堅牢性の向上も図れる。

　MEMS タイプの半導体式ガスセンサの一例を図 2.2.3 に示した。厚さ約 1mm，縦横のサイズもそれぞれ 2.5mm，3.2mm と従来のガスセンサよりもはるかに小さくなっていることが特長で，従来製品比と比較して 90％以上消費電力を削減する等，エネルギー消費を大きく削減している。また，数秒でガスセンサがヒータオン温度に到達するために，迅速にガス感度が発現し高速化が

図 2.2.2　ガス検知器からパソコンへのデータ授受
（製品：GX-6000[1]，理研計器㈱製）

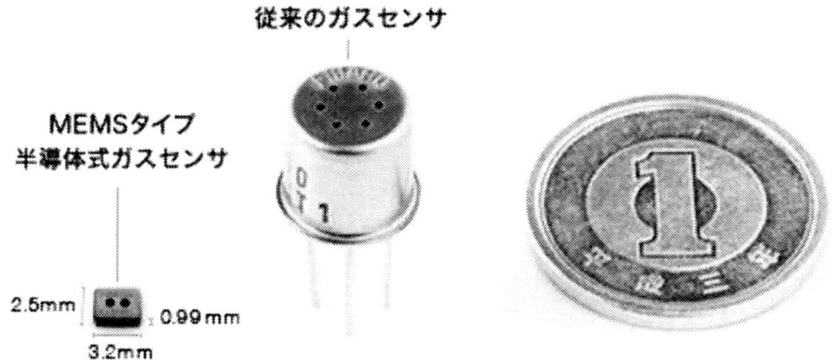

第 2 章　環境に関わるケミカルセンシング

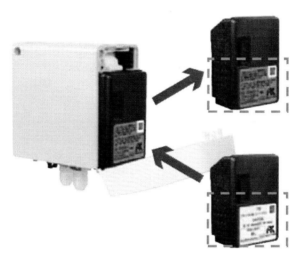

図 2.2.3　MEMS タイプの半導体式ガスセンサの例
(製品：TGS8100[2]，フィガロ技研㈱製，同社に許諾を得て掲載)

図 2.2.4　ガスセンサに搭載されているスマート技術の例
(製品：GD-70D シリーズ[1]，理研計器㈱製)

図られている。駆動方法によっては，電池での駆動が可能になる可能性があり，今まで搭載できなかったデバイスや機器への搭載も視野に捉えることができている。

3) ガスセンサに搭載されているスマート技術

ガスセンサそのものにスマート技術を導入することで，使用者の誤操作を防ぎ，正しいガス検知を図る技術も存在する。図 2.2.4 に示したセンサのユニットは，センサ原理に依らず共通になっており，入れ替えが可能である。図 2.2.4 内の破線で囲った識別シールは，視覚的に原理別に色分けがされている。さらに，出荷時と異なる原理のセンサが挿入された場合，LCD にメッセージが表示され，ユニットの仕様を確認しないと動作しない誤挿入防止機能が搭載されている。

2.2.2 課題と展望
1) 操作・管理面でのスマート化

今後の課題としては,遠隔からの操作や管理を可能にするといったスマート化技術が求められるが,それを可能にする技術として工業用無線規格である,ISA100.11aを使用した検知器を紹介する(図2.2.5)。

ISA100.11aは,工業用途に適した規格として検討をされてきたものであり,セキュリティや通信の信頼性などをはじめとした様々な要求に応えた規格となっており,周波数は約2.4 GHzである。図2.2.6で示したように,フィールド無線デバイスからゲートウェイまでが無線であり,

図2.2.5 工業用無線規格ISA100.11aを使用可能な検知器 SDWL-1RI[1]
(理研計器㈱製)

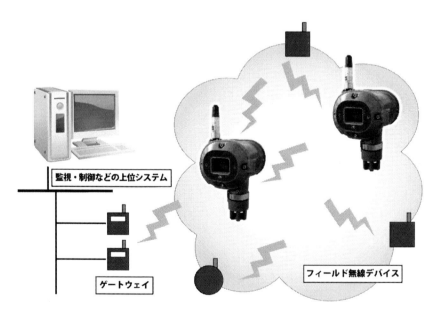

図2.2.6 工業用無線規格ISA100.11aの設置例

第2章　環境に関わるケミカルセンシング

様々なデータの授受を最大 600 m まで遠隔操作することが可能である。また，これまで必要とされてきた検知器からの配線が不要となり，イニシャルコストが大幅に削減可能である。さらに，バッテリー駆動で1年以上使用が可能なため，ランニングコストも削減可能となる。既にこの規格が導入された検知器が複数登場しており，今後急速に普及するものと考えられる。

2) 情報処理に関するスマート化

1) で示した，工業用無線規格 ISA100.11a に加え，一般的な通信技術としては，赤外線，MODBUS（Modicon 社製のシリアル通信プロトコル），RS-485（米国電子工業会（EIA）によって標準化された，シリアル通信の規格），Ethernet（コンピューターネットワークの規格の一つ）といった通信技術があるが，シンプルな配線で多くの情報処理が可能な，HART（Highway Addressable Remote Transducer）通信の事例を紹介する。

HART 通信を使用可能な検知器の一例を図 2.2.7 に示す。また，設置例と通信機器との接続概念を図 2.2.8 に示す。HART 通信は一般的な通信方法として使用される 4-20 mA の出力と同時に様々な情報を載せることができる。さらに，図 2.2.9 に HART 通信と 4-20 mA の信号の合成・分離のイメージを示したが，信号分離により HART 通信の情報と 4-20 mA を容易に分けられるので，既存の設備を使用しつつ，様々な情報を通信することが可能となるため，イニシャルコストを低くすることが可能である。

図 2.2.7　HART コミュニケータを使用可能な検知器の一例
（左：SD-1RI[1]（理研計器㈱製）　右：炎検知器 40 シリーズ[3]（SPECTREX 社製，同社に許諾を得て掲載））

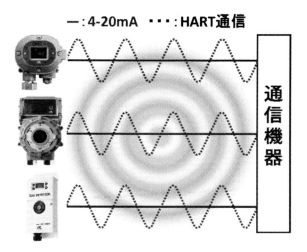

図2.2.8　HART 通信の設置例と通信機器との接続概念

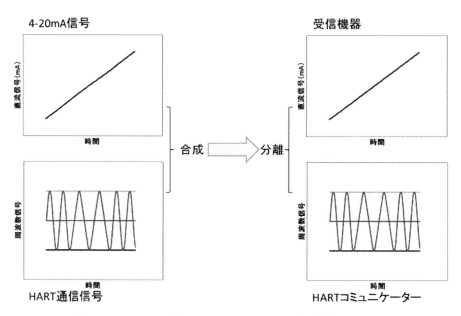

図2.2.9　HART 通信と 4-20 mA の信号の合成・分離のイメージ

参考文献

(1)　理研計器㈱ホームページ：http://www.rikenkeiki.co.jp/products/detail/100
(2)　フィガロ技研㈱ホームページ：http://www.figaro.co.jp/product/feature/tgs8100.html
(3)　SPECTREX 社ホームページ：https://www3.spectrex-inc.com/

2.3 室内・生産施設環境とケミカルセンサ

田中　勲[*]

本節では，各種工業製品の生産や医薬・医療分野で汎用されているクリーンルームを中心に，室内環境におけるケミカルセンサやモニタリングシステムの現状と今後について紹介する。

2.3.1 現状技術

1) クリーンルーム用QCMセンサ

半導体や液晶デバイスをはじめとした最先端電子機器生産・開発用クリーンルームでは，空気環境中のガス状化学物質濃度の低減，すなわち，分子状汚染物質対策が不可欠とされている[1]～[4]。代表的な汚染物質には，溶剤・可塑剤などの有機物質，環状シロキサン類，酸性ガスや塩基性ガス，リン，ホウ素，各種金属類等があり，これらは表2.3.1に示すような様々な影響をもたらす。

汚染物質のひとつである凝縮性有機物質のモニタリング用として，QCMセンサの適用が検討され，生産環境中での実用性の検証例等が報告されている[5]～[7]。QCM（水晶振動子マイクロバランス：Quartz Crystal Microbalance）センサは，図2.3.1に示すような微小なデバイスであり，

表2.3.1　分子状汚染物質の種類と影響例

汚染物質	主な発生源 （下線はクリーンルーム構成部材）	不良現象の例
酸性ガス (HF, HCl, Cl_2, NO_X, SO_X 他)	プロセス薬品，製造装置，外気，排気ガス	メタル配線腐食，ボロン汚染誘導，ヘイズの発生
塩基性ガス (NH_3, RNH_2, R_2NH 他)	プロセス薬品，人体，コンクリート，塗料，塗床材，接着剤，外気，加湿器防錆剤	化学増幅型レジストの解像度不良，ステッパのレンズの曇りによる露光不良
凝縮性有機物質 (DBP, DOP, BHT, Siloxane 他)	プロセス薬品，塗料，シーリング材，接着剤，シート，パネル，フィルタ，ケーブル，パッキン，ウエハ収納容器，外気	酸化膜信頼性劣化，CVD成膜異常，レンズ・ミラー汚染
ドーパント (B, P)	フィルタ，ケーブル，外気，プロセス薬品	MOSトランジスタのしきい値電圧シフト，ノンドープ高抵抗 Poly Si の抵抗低下
金属 (Na, K, Ca, Mg, Fe, Ni, Cu, Zn, Cr 他)	製造装置，プロセス薬品，外気	接合リーク電流増加，酸化膜耐圧劣化，MOSトランジスタ不安定性，ピット不良
高揮発性有機物質 (沸点：50-100℃, 全炭化水素)	プロセス薬品，塗料，シーリング材，接着剤，シート，パネル，フィルタ，ケーブル，パッキン，ウエハ収納容器，外気	酸化膜信頼性劣化，CVD成膜異常，レンズ・ミラー汚染

---

[*] Isao Tanaka　清水建設㈱　技術研究所　環境基盤技術センター　医療環境G　グループ長

図 2.3.1　QCM（Quartz Crystal Microbalance）センサの外観

水晶の円形薄片が電極で挟まれた構造である。電極表面に気中や水中からの物質が付着することによって水晶の共振周波数が変化する[8]。

ここでは，クリーンルーム内ガス状有機汚染物として代表的な DBP（ジブチルフタレート）を対象として，その選択的検出性ならびに感度向上を目的に，金電極表面にシリコンを蒸着し，さらに微細加工することによる表面改質を行った例[9]～[11]を紹介する。ここで，シリコンを蒸着したのは DBP がシリコン膜表面に吸着しやすい特性を活用し選択的検出性を付与させるためである。

改質に使用した QCM センサは，水晶薄片直径 8.7 mm，金電極直径 5.0 mm，基本周波数 9 MHz の製品を使用した。検出感度の向上を目的としてセンサ中央の電極両表面に，①スパッタ法，②電子ビーム蒸着法，③電子ビーム蒸着＋露光処理の各条件によってシリコン膜を形成した。③は規則的な凹凸をシリコン膜上に形成することを目的としたもので，電子ビーム蒸着法により厚さ 200 または 300 nm のシリコン膜を蒸着した後，レジストを塗布し線幅 2 μm のパターンを露光形成した。レジストパターンをもとにシリコン膜を 100 または 200 nm エッチング加工し，各溝の側面の形成により計算上で表面積を約 5％および 10％増加させた。吸脱着性の評価は，活性炭で空気中の分子状汚染物質濃度を低減した清浄空気（1.0 L/分）と，一定濃度の汚染物質 DBP を含んだ空気（0.6 L/分）とを QCM センサ表面に流通させ強制的に暴露し，時間の経過に伴う DBP の吸脱着による周波数変化量を記録した。

図 2.3.2 に時間経過に伴う周波数変化量を示す。DBP を含んだ空気（濃度 265 μg/m³）との接触により QCM センサ表面に DBP が吸着し周波数が変化した。さらに時間の経過に伴い周波数変化量は大きくなるが，やがて，一定の値に収束する傾向が観察された。周波数変化がほぼ収束する時点の変化量の絶対値を求め，これをもとに検出感度を算出した。表 2.3.2 に結果をまとめて示す。スパッタ蒸着，電子ビーム蒸着（No.2, 3）と改質前（No.1）の検出感度を比較すると，電子ビーム蒸着は改質前［(6.5 μg/m³)/Hz］に比べて感度の向上［(5.2 μg/m³)/Hz］が見られ

第2章　環境に関わるケミカルセンシング

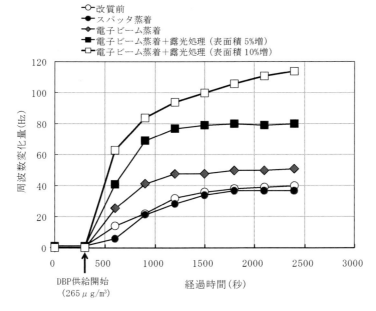

図2.3.2　各種QCMセンサの周波数変化の様子

表2.3.2　各センサの表面改質内容と感度の比較

No.	1	2	3	4	5
シリコン蒸着法＋表面微細加工方法	従来型（改質前）	スパッタ蒸着	電子ビーム蒸着	電子ビーム蒸着＋露光処理 表面積5％増	電子ビーム蒸着＋露光処理 表面積10％増
電極最表面成分	金	シリコン自然酸化膜			
検出感度（(DBPμg/m³)/Hz）	6.5	7.2	5.2	3.3	2.2

たが，スパッタ蒸着法［(7.2μg/m³)/Hz］では見られなかった。シリコン成膜の詳細な機構や表面構造が関与していると予想される。さらに，露光処理法による規則的パターン形成の成膜（No.4, 5）において感度向上が顕著であった。露光処理法は前述のように，特に成膜の微細加工によって表面積を増大したものであり，改質前に比較して，5％増加で約2倍（6.5→3.3），10％増加で約3倍（6.5→2.2）に感度が向上した。

2) マイクロアンモニアモニタ

前述のように，分子汚染対策が必要とされるクリーンルームではアンモニア濃度のモニタリングも重要とされる。また，美術館・博物館の収蔵や展示スペースでも，文化財を安定に保存するためにアンモニアをはじめとした各種ガス濃度の制御が必要とされている[12]。数 ppb レベルの微量アンモニアの定量法として，インピンジャーやスクラバー等によるガス吸収液へのアンモニア分子の抽出・濃縮工程の後に，イオンクロマトグラフィー，蛍光法，化学発光法，比色法などの検出工程を組み合わせるものが広く知られているが，抽出・濃縮工程に要する時間のため結果が得られるまでに長時間を要し，また装置も大型となることが多い。

そこで，数センチ角のガラス基板内部に幅・深さが数十～数百 μm 程度の管（マイクロチャネル）を微細加工技術により作製し，その中で混合・反応・抽出・分離といった様々な化学操作を微小スケールで行うマイクロ化学システムの研究・開発が行われている[13],[14]。ここでは，このマイクロ化学の技術を適用した小型アンモニアガスモニタリングシステムを紹介する[15]。

図 2.3.3 に装置の外観，図 2.3.4 にそのシステムダイアグラムを示す。装置はメインユニット，ガス導入ユニットおよび制御用 PC から構成され，メインユニットの寸法は，幅：400 mm × 奥行：340 mm × 高：300 mm である。ガス導入ユニットは，ダイアフラムポンプと，その全吸気量のうち一定量を気液吸収部へスプリット導入させるためのニードルバルブを主要構成要素とする。サンプルガスの接する配管は基本的に PTFE とし，構造体として PTFE を用いにくい部分は PTFE コーティングを施した。更に結露防止のために 50℃ 程度の温調を行っている。メインユニットは，気液抽出用・発色反応用のガラス製マイクロ化学チップ 2 枚を中心に，送液シリンジポンプ，切替バルブ，気体流量計，液体流量計，温調および検出器用基板等が配置される。

発色反応はアンモニアの比色分析の公定法であるインドフェノール法をマイクロチャネル内で行う。発色試薬（サリチル酸ナトリウム水溶液）・酸化剤（ジクロロイソシアヌル酸ナトリウム・水酸化ナトリウム水溶液）を各 1 μL/min で合流させ，ペルチェ素子で温度コントロールされた蛇行流路を通すことで約 10 分間反応を進行させた後，波長 655 nm の光吸収を熱レンズ検出器で測定するようにした。

図 2.3.5 は，①某展示会場内雰囲気のアンモニア濃度および②ケミカルフィルタによりアンモニア除去された会場内雰囲気のアンモニア濃度を同時にモニタリングした結果である。雰囲気を直接測定した場合は来場者の増加に伴ってアンモニア濃度が増大する傾向が確認できた。一方で，アンモニア除去した雰囲気のアンモニア濃度はほぼ一定の値を示し，ケミカルフィルタの十分な性能が確認された。このことから，本システムを用いて数 ppb から数十 ppb のアンモニア濃度をリアルタイムにモニタリングでき，さらにケミカルフィルタの性能評価も可能であることが確認された。

第 2 章　環境に関わるケミカルセンシング

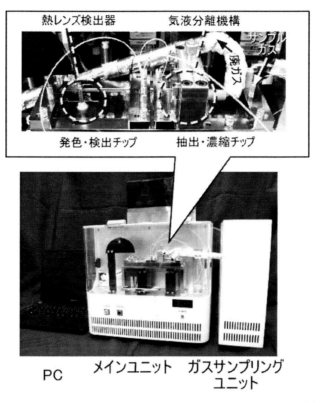

図 2.3.3　小型アンモニアガスモニタリングシステム装置の外観[15]
（日本産業機械工業会および著者の許可を得て掲載）

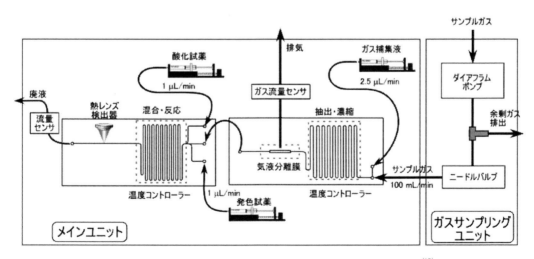

図 2.3.4　小型アンモニアガスモニタリングシステムダイアグラム[15]
（日本産業機械工業会および著者の許可を得て掲載）

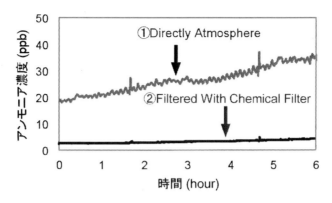

図 2.3.5 実サンプルを用いた計測例[15]
(日本産業機械工業会および著者の許可を得て掲載)

3) クリーンルーム用有機ガス自動モニタリングシステム

分子状汚染物質対策クリーンルームのガス状有機物質モニタリング用として，ガスクロマトグラフの自動分析システムが開発されている[16]。前述の QCM センサと異なり，様々なガス成分の種類と濃度をオンサイト・リアルタイムにモニタリングできる特徴がある。図 2.3.6 に外観を示す。対象となるガスをサンプリングユニットにより，固体吸着剤に 0.1 L 程度常温捕集し，その後，加熱脱離してガスクロマトグラフに導入し分析する。従来，現場ではサンプリングのみ実施し，分析は分析室にてガスクロマトグラフ質量分析計等を用いて行うのが一般的であったが，自動モニタリングシステムは，サンプリングから分析までを現場で任意の時間間隔で自動測定できる画期的なシステムである。ポータブルタイプで，人力での運搬も可能である。また，オプショ

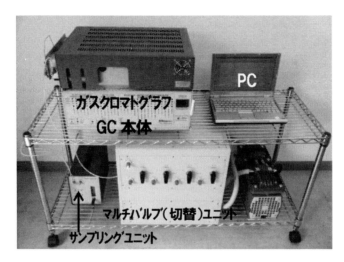

図 2.3.6 クリーンルーム用有機ガス自動モニタリングシステムの外観

第2章　環境に関わるケミカルセンシング

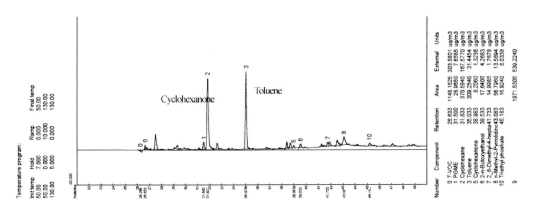

分析時刻	PGME	Cyclohexane	Toluene	PGMEA	Cyclohexanone	2-n-Butoxyethanol	2,6-Dimethyl-4-heptanone	NMP	2エチルヘキサノール	Triethyl phosphate	D5	T-VOC トルエン換算
17:03	7.6	167	31	ND	1.3	4.2	1.7	13	ND	8.0	ND	303
18:53	8.7	132	14	ND	0.9	2.6	1.4	8.8	ND	4.4	1.5	226
20:43	7.7	115	16	ND	0.9	2.1	1.2	8.2	ND	ND	1.1	227
22:33	7.0	101	10	ND	ND	1.6	1.0	7.8	ND	2.8	1.1	182
0:23	7.1	91	25	ND	ND	1.7	1.0	7.5	ND	ND	0.8	229
2:13	5.9	82	17	ND	ND	1.3	ND	7.1	ND	ND	0.8	183
4:03	6.4	77	22	ND	ND	1.5	ND	7.7	ND	ND	0.7	205
5:53	6.0	71	19	ND	ND	ND	ND	7.7	ND	ND	0.7	174

(μg/m³)

図2.3.7　某実験室内空気のガスクロマトグラム（上）と各種ガス成分濃度の経時変化出力データ（下）

ンの切り替えユニットを使用することにより，4〜10のポイントから自動サンプリング，測定を行うことができる。PID（光イオン化検出器）を用いており，トータルVOCだけでなく各成分も個別に定量が可能である。また，試料を濃縮するので高感度な測定（1ppb〜）ができる。

クリーンルームの主な対象有機ガス成分としては，例えば，2-エチル-1-ヘキサノール，リン酸トリエチル，N-メチルピロリドン，環状シロキサン類，プロピレングリコールモノメチルエーテルアセテート（PGMEA），プロピレングリコールモノメチルエーテル（PGME），ブチルセルソルブ，トルエン，ジイソブチルケトン，シクロヘキサン，シクロヘキサノンなどが挙げられる。図2.3.7に示した測定例のように，各種成分の濃度データを一定間隔で自動記録することが可能である。

4）医薬品生産施設の高活性薬塵モニタリング

抗がん剤やホルモン剤等に代表される高活性医薬品（人体への生理活性の高い医薬品）の生産・研究施設では製品へのコンタミネーション防止・作業者の健康被害の防止・環境汚染への配慮の観点から，製造装置と設備における薬塵の封じ込め対策が重要である。封じ込め対策の評価は，一般的にISPE SMEPAC（International Society for Pharmaceutical Engineering, Inc.：国際製薬技術協会，Standardized Measurement of Equipment Particulate Airborne Concentration）にしたがって行われる[17]。すなわち，気中の薬塵をサンプリングした後，定量分析によって気中の質量濃度（$\mu g/m^3$）を求め，対象物質ごとの管理濃度（OEL：Occupational Exposure

Limit）と比較することで実施されている。しかし，煩雑な作業のため結果を得るまでに数日間を要する場合が多い。そこで，封じ込め性能を現地でリアルタイムにモニタリングする方法が開発されている[18],[19]。

　この方法は図2.3.8に示すように，従来の模擬粉体（ラクトース）の粒子表面に蛍光性物質を微粒子オーダーで複合した蛍光性模擬粉体と，その蛍光性粒子を特殊な化学物質として特異的に検出する装置から構成される。蛍光性模擬粉体を使用して作業を行い，検出装置により飛散粒子の個数濃度をモニタリングするものである。発塵の状況をオンサイト・リアルタイムに測定することができ，封じ込めの評価や発塵場所・発塵の多い作業を特定し管理ポイントを明確にできる。

　図2.3.9と図2.3.10にエンクロージャーを使用して秤量作業を行った際に，本システムを用い

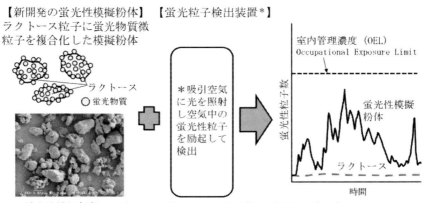

図2.3.8　リアルタイムモニタリングシステムの原理

図2.3.9　秤量用エンクロージャーを利用した秤量作業

第2章　環境に関わるケミカルセンシング

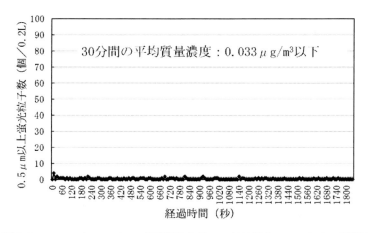

図2.3.10　エンクロージャー標準運転条件での粒子濃度のモニタリング結果

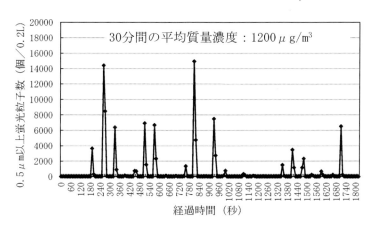

図2.3.11　発塵促進（模擬粉体落下）条件での粒子濃度のモニタリング結果

て外部への粒子漏洩をモニタリングした結果を示す。30分間の通常の秤量作業の間は目立った粒子は認められず、エンクロージャーの封じ込め機能が確認された。一方、意図的に装置内に粉体を落下させた条件では図2.3.11に示すように、明確な粒子濃度の増加ピークが見られ漏洩のリアルタイムな検出が可能であった。

図2.3.12に本モニタリング法による粒子個数濃度と従来方法SMEPACによる質量濃度との関係を示す。$0.01 \sim 1,000 \mu g/m^3$オーダーの広い範囲で個数濃度と質量濃度には良い相関性があった。したがって、本モニタリング方法の個数データから質量濃度を推定することが可能であり、OEL等の管理値（質量濃度で規定）との比較をリアルタイムに行うことができ、オンサイトで封じ込めの評価が実施できると考えられる。

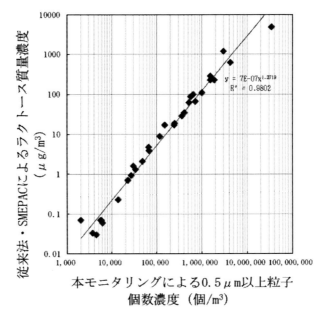

図2.3.12　本モニタリングと従来法ISPE SMEPACによる測定値との関係

2.3.2　課題と展望
1)　クリーンルームBEMSの紹介と今後の展望

　近年の省エネや節電への意識の高まりから，オフィスや住宅ではBEMSやHEMSによるエネルギー管理が行われるようになってきた。今後は生産施設でも現在以上に省エネルギー対応が図られていくと予想される。

　これまでクリーンルーム（CR）では，清浄度や温湿度の精密な管理が要求される背景から，空調設備は24時間365日，一定の条件で運転されることが常識であった。しかし，上述のように，省エネルギーはクリーンルームにも要求されつつある。そこで，クリーンルームにおいてリアルタイム粒子モニタリングを利用したFFU（ファン・フィルタ・ユニット）の風量制御を行い，その省エネ効果を実験的に検討した例を紹介する[20],[21]。

　実験に用いたクリーンルームを図2.3.13および図2.3.14に示す。タスク＆アンビエント（T&A）クリーン空調システム[22]を用いた清浄度ISOクラス7（Fed. Std. クラス10000）のクリーンルームであり，BEMSによる中央監視と空調制御が行われている。空調機は冷温水タイプのFCU（ファン・コイル・ユニット）1台とインバータ付きFFU 4台が設置されている。室内にラージチャンバー（内容積12 m^3）が設置されており，付属の空調機が発熱負荷となっている。FFUの周波数制御方法は，周波数を一定値に固定する運転方法とパーティクルセンサーの濃度に応じて周波数をリアルタイムに変化させる濃度DR（デマンドレスポンス）運転方法の2種類とした。ここでは，測定点①（FCU直下）でクラス7を超えないように目標濃度を8,000個/cf（≧0.5μm）として濃度DRのモードで開始した。

第 2 章　環境に関わるケミカルセンシング

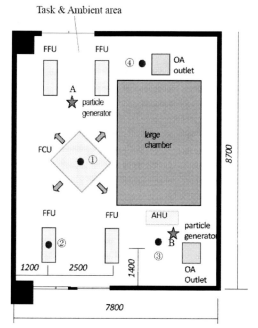

図 2.3.13　クリーンルーム平面図（単位：mm）

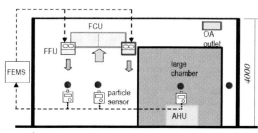

図 2.3.14　クリーンルーム断面図

　発塵には家庭用掃除機（発塵量約 400 万個／min，粒子径 ≧ 0.5μm）2 台を使用し，2 台運転の場合は点 A と B，1 台だけの場合は点 A のみとした。掃除機発塵により濃度変動を与えた場合の清浄度追従性および消費電力を試験した結果を図 2.3.15 に示す。濃度 DR の場合には発塵開始時および 1 台から 2 台に発塵を増加させた時に一時的な濃度の超過が見られるが，全体的な清浄度の傾向は濃度 DR と周波数固定で同じ傾向を示している。一方，消費電力で見ると発塵量が少ない時の消費電力の差が大きく，3 時間の FFU 電力消費量を比較すると周波数固定に比べて濃度 DR は約 40％の省エネルギーになっていることが計算された。クリーンルームの省エネルギー運転方法として今後の展開が期待される。また，分子状汚染物質対策が必要とされるクリーンルームでも各種ケミカルセンサ・モニタリング装置を利用して同様の省エネルギー運転が可能であり，その実用化が望まれる。

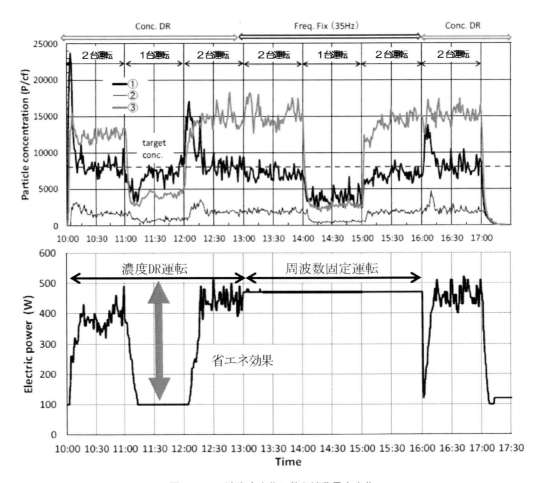

図 2.3.15 清浄度変化に伴う消費電力変化

参考文献

(1) 服部毅編:"新版シリコンウエーハ表面のクリーン化技術", リアライズ社, pp.27-46 (2000)
(2) 技術情報協会編:"有機汚染物質／アウトガスの発生メカニズムとトラブル対策事例集", 技術情報協会 (2008)
(3) 白水好美:"次世代の新材料系メタルのデバイスへの影響と Cu 配線等への化学汚染の影響", クリーンテクノロジー, Vol.19, No.1, pp.8-11 (2009)
(4) 早わかり Q&A クリーンルームの設計・施工マニュアル編集員会編:"早わかり Q&A クリーンルームの設計・施工マニュアル", 日本工業出版, pp.114-121 (2015)
(5) 岡村茂:"QCM による半導体クリーンルーム中の多点リアルタイム分子汚染計測", 空気

清浄，Vol.41, No.1, pp.38-47（2003）
(6) 島田学，奥山喜久夫，本田重夫，羽深等：" ガス状有機汚染物質の壁面付着量の実時間計測と付着挙動の評価 ", 空気清浄，Vol.40, No.4, pp.24-30（2002）
(7) S. Okamura, M. Shimada and K. Okuyama:"Adsorption and Desorption of Dibutyl Phthalate on Si Surface measured in Controlled Atmosphere using Quartz Crystal Microbalance Method", *Jpn. J. Appl. Phys.*, Vol.43, No.5A, pp.2661-2666（2004）
(8) G. A. Sauerbrey :"Verwendung von Schwingquarzen zur Microwagung", *Z. Phys.*, Vol.155, pp.206-222（1959）
(9) 田中勲，後藤昌秀，藤田智治，梶間智明，竹林芳久：" 表面改質によるクリーンルーム有機物汚染用 QCM センサの感度向上 ", 材料技術，Vol.28, No.3, pp.27-33（2010）
(10) 田中勲：" クリーンルーム有機物汚染用 QCM センサ ", クリーンテクノロジー，Vol.21, No.2, pp.34-38（2011）
(11) 田中勲，山田容子，後藤昌秀，藤田智治，梶間智明：" クリーンルーム用表面改質型 QCM センサの感度向上に関する検討 ", 空気清浄，Vol.50, No.6, pp.14-18（2013）
(12) 佐野千絵：" 文化財公開施設の収蔵・展示環境について ", ミュージアムデータ，No.73, pp.5-7（2007）
(13) 北森武彦：" マイクロ化学チップの技術と応用 ", 丸善（2004）
(14) 三宅亮，富樫盛典：" 掌の上に化学プラント ", クリーンテクノロジー，Vol.25, No.11, pp.9-12（2015）
(15) 菊谷善国，田中勲：" マイクロアンモニアモニタの開発 ", 産業機械，No.6, pp.8-11（2013）
(16) 清水建設技術研究所クリーンルーム実験棟パンフレット
(17) ISPE 日本本部：" 製薬機器の粒子封じ込め（コンテインメント）性能評価 "（2005）
(18) 田中勲，川上梨沙，山口一，坂本禎志，今野直哉：" 高活性医薬品の封じ込め性能をリアルタイム評価 ", PHARM TECH JAPAN, Vol.30, No.6, pp.93-97（2014）
(19) 田中勲，阿部公揮，山田容子，坂本禎志，須賀康之：" 高薬理活性医薬品取扱い施設における薬塵封じ込め評価方法に関する検討 ", 2015 年度材料技術研究協会討論会講演要旨集，pp.37-38（2015）
(20) 梶間智明，中村卓司，長谷部弥，田中勲，山田容子，川村聡宏：" クリーンルーム向けスマート FEMS の実験的検討 ", 第 30 回空気清浄度コンタミネーションコントロール研究大会予稿集，pp23-25（2013）
(21) 山田容子，中村卓司，田中勲，長谷部弥，梶間智明：" クリーンルーム向けスマート FEMS を想定した FFU 電力制御の実験的検討 ", 日本建築学会大会学術講演梗概集，pp 1279-1280（2014）
(22) 長谷部弥，白谷毅，水原一樹，小松原正幸，梶間智明：" 省エネ・省資源を実現するクリーン空調システムの開発 ", 清水建設研究報告，pp.73-82（2014）

2.4 PM$_{2.5}$

長谷川有貴*

2.4.1 PM$_{2.5}$とは

PM$_{2.5}$とは，大気中に浮遊している小さな粒子のうち，粒子の大きさが2.5 μm以下の粒子状物質（Particulate Matter）の総称で，微小粒子状物質やエアロゾルとも呼ばれ，図2.4.1に示すように，人間の毛髪や花粉に比べても非常に小さい物質である。10 μm程度の粒子はPM10，6.5〜7.5 μmの粒子は浮遊粒子状物質（SPM，Suspended Particulate Matterの略）と呼ばれ，SPMについては，1973（昭和48）年より環境基準が設定されて規制が進められていたが，その後，特に2.5 μm以下の粒子は，人体の肺深部まで侵入し，呼吸器や循環器に甚大な影響を及ぼすことが明らかになったことから，「PM$_{2.5}$」の存在が一気に注目を集めるようになった[1]。

PM$_{2.5}$に関しては，1997年にはアメリカで，2008年にはEUでPM$_{2.5}$の環境基準が設定され，日本でも1997年より，PM$_{2.5}$に関する調査，研究および，PM$_{2.5}$質量濃度測定方法の確立に向けた検討が進められ，2000年には，「自動測定機による微小粒子状物質（PM$_{2.5}$）質量濃度測定方法暫定マニュアル」[2]および「フィルタによる微小粒子状物質（PM$_{2.5}$）質量濃度測定方法暫定マニュアル」が作成され，その後も計測技術の進展とともに改訂されている[2]。

そして日本では，2009年に，人の健康を保護する上で維持されることが望ましい水準である，環境基準が定められた。環境基準は，空気1 m^{3}中に含まれる粒子の質量で表され，年平均で15 μg/m^{3}以下，日平均で35 μg/m^{3}の両者を満たすこととされている。さらに2013年，環境省は，環境基準とは別に，都道府県などの自治体が住民に対して注意喚起をするための暫定的な指

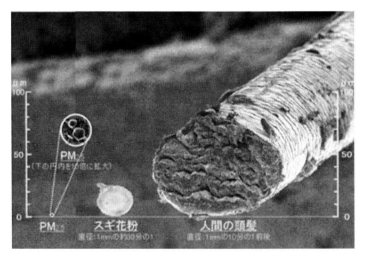

図2.4.1　PM$_{2.5}$の大きさの比較
（東京都環境局ホームページ[4]より引用）

＊　Yuki Hasegawa　埼玉大学　大学院理工学研究科　准教授

第 2 章　環境に関わるケミカルセンシング

表 2.4.1　注意喚起のための暫定的な指針[3]

レベル	暫定的な指針となる値 日平均（$\mu g/m^3$）	行動のめやす	注意喚起の判断に用いる値[*2] 午前中の早めの時間帯での判断 5 時〜7 時（1 時間値（$\mu g/m^3$））	午後からの活動に備えた判断 5 時〜12 時（1 時間値（$\mu g/m^3$））
II	70 超	不要不急の外出や屋外での長時間の激しい運動をできるだけ減らす。	85 超	80 超
I	70 以下	特に行動を制限する必要はないが，高感受性者[*1]は，健康への影響がみられることがあるため，体調の変化に注意する。	85 以下	80 以下

＊1：高感受性者：呼吸器系や循環器系疾患のあるもの，小児，高齢者等
＊2：暫定的な指針となる値である日平均値を超えるか否かについて判断するための値

針（以下，暫定指針値）を示している[3]。

　暫定指針値とは，その時点の疫学知見を考慮して，健康影響が出現する可能性が高くなると予測される濃度水準を設定したもので，暫定，とされているのは，健康への影響についての知見が十分に解明されているわけではないためである。この暫定指針値を示した 2013 年以降，日本各地で測定される $PM_{2.5}$ の濃度や，それに伴って自治体等で行われた注意喚起の回数と妥当性，疫学知見の進歩などを総合的に検討する，微小粒子状物質（$PM_{2.5}$）専門家会合が定期的に開催され，水準と判断方法を改善しながら示している。表 2.4.1 は，2014 年 11 月に改善され，2016 年 1 月現在環境省で示している「注意喚起のための暫定的な指針」である[5]。

　環境省では，$PM_{2.5}$ を含む大気汚染物質の濃度状況を 24 時間監視し，情報提供を行う大気汚染物質広域監視システム（Atmospheric Environmental Regional Observation System：AEROS）「そらまめ君（そらをマメに監視します）」[6]をインターネット上で公開し，日本全国の大気汚染状況と $PM_{2.5}$ の注意喚起の実施状況を知らせるとともに，近年 $PM_{2.5}$ による汚染が深刻な問題となり，日本への影響も懸念されているアジア地区の状況も確認することができる（図 2.4.2）。

2.4.2　$PM_{2.5}$ の発生源と生成メカニズム

　一般に，一つの物質のように呼ばれる $PM_{2.5}$ だが，その発生源や生成のメカニズムは，多岐にわたっている。大きく分けると発生源には，自動車の排ガスや工場排煙などの人為的起源と，黄砂などの土壌粒子や火山灰，海水などの自然起源のものがある。図 2.4.3 に，人為的起源による $PM_{2.5}$ の代表的な発生源とそこから生成される物質との関係を示す。図に示すとおり，$PM_{2.5}$ には発生源から直接排出される一次粒子と，発生源からガス状物質として排出された後，大気中でのなんらかの化学反応によって粒子化した二次粒子とがあり，有機物質，無機物質などのさまざま

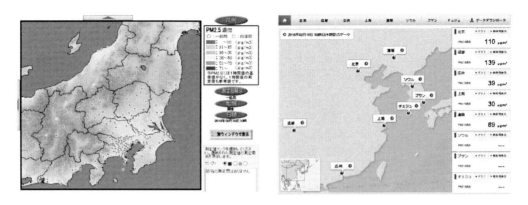

図 2.4.2 「そらまめ君」による PM$_{2.5}$ 観測データ表示例（左）と海外都市のモニタリング（右）

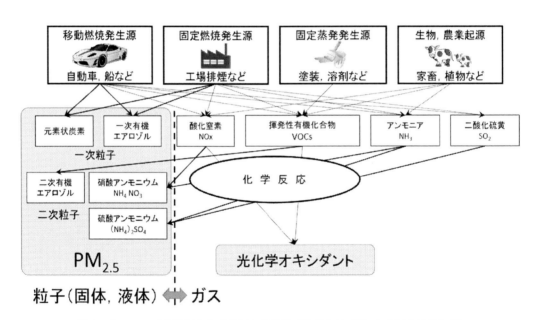

図 2.4.3 PM$_{2.5}$ の発生源と生成物質との関係（参考文献（7）中の図を基に作成）

な成分を含んでいる[7]。

　当然ながら，人体への影響は成分によって異なるため，発生源への対策や検知方法などについては，その成分ごとに検討する必要があるが，環境基準は，粒子の大きさのみを基準として決められている。人体への影響やその対策について検討するためには，大きさだけではなく成分ごとの数や粒子の表面積，化学組成などを明らかにする必要があり，特に有害性の高いものでは，低濃度での計測技術と発生源の制御が求められる[8]。

2.4.3 現状技術

一般的にPM$_{2.5}$は，PM$_{2.5}$を分粒可能なフィルタによってその質量を測定するものや，そのフィルタに振動素子を付け，重量の変化によって減少する振動数から質量を自動的に測定する「フィルタ振動法（Tapered Element Oscillating Microbalance：TEOM 法）」，物質にベータ線を照射すると物質の単位面積あたりの質量に比例してベータ線の吸収量が増加する性質を利用した「ベータ線吸収法」，粒子状物質に一方から光を照射した際に生じる散乱光量の測定から，粒子状物質の質量濃度を間接的に測定する「光散乱法」など，質量濃度測定によって評価されており[9]，環境基準の標準測定方法として用いられるのもこれらの方法である。

しかしこれらの方法では，フィルタの目詰まりが起こるため定期的なメンテナンスが不可欠であることや，レーザーダイオードを用いた高感度な光センサを用いるため装置が大型化するなどの問題点があった。そのため最近では，さまざまな新たな原理が提案され，小型で手軽にPM$_{2.5}$を測定可能な機器やPM$_{2.5}$中の成分分析が可能なセンサなどが開発され，一般の空気清浄機に標準装備されるなど普及が進められている。

例えば，シャープ㈱が2013年に開発した小型センサモジュール「DN7C3JA001」は，PM$_{2.5}$を取り出しやすい小型分流器を開発し，これとLEDを利用した光センサを組み合わせることで小型かつ，発表当時，業界最短の10秒程度で25〜500 μg/m^{3}のPM$_{2.5}$の検出を可能としている（図2.4.4）[10]。

㈱カスタムが販売しているPM$_{2.5}$チェッカー「PM-2.5C」は，一般に公表される指標値との一致を保証するものではないものの，粒子検出サイズ約0.5 μmの粒子状物質を0〜105 μg/m^{3}の質量濃度範囲で検知し，LEDの点灯個数と色でそのときの濃度が表示される（図2.4.5）[11]。

図2.4.4 2013年に開発されたシャープ製PM$_{2.5}$センサモジュール「DN7C3JA」

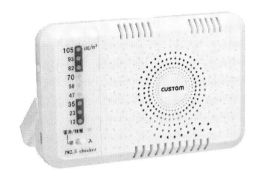

図 2.4.5　カスタム製 PM$_{2.5}$ チェッカー「PM-2.5C」

2.4.4　課題と展望

　前述のとおり，PM$_{2.5}$ は粒子サイズによってのみで括られた分類だが，人体への影響や，発生源からの発生制御，環境汚染対策などの観点からは，PM$_{2.5}$ の成分を正確に把握し，PM$_{2.5}$ に含まれる物質の化学組成を明らかにし，有機系物質，無機系物質を識別することなどが非常に重要となる。そのため，環境省においても，PM$_{2.5}$ に含まれる物質の詳細な成分分析手法について，イオン成分測定法や炭素成分測定法，多環芳香族炭化水素測定法など，8 種の測定マニュアルを公開している[12]。

　この他にも，従来のガスセンサ技術を応用して，環境汚染ガスのモニタリングとともに有機系の PM$_{2.5}$ を計測可能なセンサデバイスの開発や[13]，PM$_{2.5}$ を含む雰囲気中に照射したレーザー光の反射光を検出する測定方法など，さまざまな研究開発が進められている[14]。

　2015 年 12 月，PM$_{2.5}$ の年間平均濃度が世界で最も高い（日本の環境基準値の約 10 倍）インドのニューデリー市では，大気汚染が原因とみられる肺疾患などの病気によって年間 1 万人を超える死者が出ているとの報告書が，インドの公的調査機関である科学環境センターによって公表されている。日本国内の PM$_{2.5}$ の濃度は年々減少する傾向にあるが，国外から流入する PM$_{2.5}$ の影響も避けられないため，アジア地域からの PM$_{2.5}$ の排出状況を常に把握するとともに，大気環境を数値計算によってシミュレーションする取り組みも進められている[15]。

　今後も，より正確に PM$_{2.5}$ の発生状況を把握し，PM$_{2.5}$ の発生を最小限に抑え，PM$_{2.5}$ に含まれる複数の成分を識別することが可能な，新たなセンシングデバイスやモニタリング技術の確立が期待される。

第 2 章　環境に関わるケミカルセンシング

参考文献

(1) Joel Schwartz, Francine Laden and Antonella Zanobetti, "The concentration-response relation between $PM_{2.5}$ and Daily Deaths", Environmental Health Perspectives, Vol. 110, No.10, pp. 1025-1029 (2002)
(2) 環境省　自動測定機による微小粒子状物質（$PM_{2.5}$）質量濃度測定方法暫定マニュアル：https://www.env.go.jp/air/report/h19-03/manual/m01.pdf
(3) 環境省　微小粒子状物質（PM2.5 に関する情報）：http://www.env.go.jp/air/osen/pm/info.html#GUIDELINE
(4) 東京都環境局ホームページ：https://www.kankyo.metro.tokyo.jp/air/air_pollution/PM2.5/
(5) 環境省 微小粒子状物質（PM2.5）専門家会合，注意喚起のための暫定的な指針の判断方法の改善について（第 2 次）：http://www.env.go.jp/air/osen/pm/info/cic/attach/report20141128.pdf
(6) 環境省　大気汚染物質広域監視システム「そらまめ君」：http://soramame.taiki.go.jp/
(7) 菅田誠治，$PM_{2.5}$ の総復習，国立環境研究所ニュース，Vol.32，No.4，pp. 8-9（2013）
(8) 関口和彦，PM2.5 ―第 1 講　PM2.5 の特性，大気環境学会誌，Vol.45，No.4，pp. A54-A60 (2010)
(9) 環境省　微小粒子状物質（PM2.5）測定法評価検討会：http://www.env.go.jp/council/former2013/07air/y070-25/mat04-2.pdf
(10) シャープ株式会社ホームページ ニュースリリース「PM2.5 センサモジュールを開発，発売」：http://www.sharp.co.jp/corporate/news/131224-a.html
(11) 株式会社カスタムホームページ「PM-2.5C」：http://www.kk-custom.co.jp/living/PM-2.5C.html
(12) 環境省　微小粒子状物質の成分分析　大気中微小粒子状物質（PM2.5）成分測定マニュアル：https://www.env.go.jp/air/osen/pm/ca/manual.html
(13) 横山達也，原和裕，環境汚染ガスと浮遊粒子状物質検出用半導体薄膜センサ，電気学会論文誌 E，130，No.3，pp. 75-79（2010）
(14) Chun-Sheng Liang, Feng-Kui Duan, Ke-Bin He, Yong-Liang Ma, Review on recent progress in observations, source identifications and countermeasures of $PM_{2.5}$, Environment International, 86, pp. 150-170 (2016)
(15) 森野悠，PM2.5 モデリングの緻密化に向けた有機エアロゾルの研究，国立環境研究所ニュース，Vol.34，No.5，pp. 12-14（2013）

2.5 医療・排ガス・匂い

松本裕之＊

2.5.1 医療，排ガス，匂い検知の現状技術
1) 医療関連ガス検知の現状技術

我が国は他の先進国と同様，少子高齢化が加速しており，医療費の増大が大きな課題となっている。厚生労働省の国民医療費概況によると，平成25年度の国民医療費は40兆610億円，前年度の39兆2,117億円に比べ8,493億円，2.2％の増加で，人口一人当たりの国民医療費は31万4,700円，前年度の30万7,500円に比べ2.3％増加している。さらに，国民医療費の国内総生産（GDP）に対する比率は8.29％（前年度8.26％），国民所得（NI）に対する比率は11.06％（同11.14％）である[1]。このような社会情勢のなかで，政府は平成26年閣議決定により，「国民の健康増進」，「予防医療の拡充」，「疾病予防効果の見える化」といった戦略を打ち出しており，関連技術分野は益々重要な役割を担うことになると考えられる。

予防医療，健康増進に寄与するケミカルセンサ，さらに生体に大きく関与しているとされ，医療用滅菌用途で開発が進められている活性酸素検知の技術動向について以下に概説する。

① 医療と健康に向けた生化学ガスセンサ

現代の医療では，保険適用されている項目だけでも1,000以上の臨床検査があり，そのほとんどが体液中の成分を対象としたものである。一方，各種疾病によって，生体からは様々な揮発成分が放出されることが知られており，非侵襲の診断方法として注目を集めている[2]。

表2.5.1に各種疾病で生体から放出される揮発成分をまとめた。

このような呼気中の揮発成分を検出するセンサとして，生化学式ガスセンサ（バイオスニファ）群が開発されている[2]。図2.5.1はバイオスニファの構造概略図である。2-メタクリロイルオキシエチルホスホリルコリン（MPC）とメタクリル酸2-エチルヘキシル（EHMA）の共重合体であるPMEHを用いた包括法により，親水性多孔質ポリテトラフルオロエチレン膜（PTFE）にアルデヒド脱水素酵素（aldehyde dehydrogenase：ALDH）を固定化する。この固定化膜をOリングとアクリルパイプではさみ込み，光ファイバプローブ先端に装着してバイオスニファとし

表2.5.1　各種疾病で生体から放出される揮発成分

疾病の名称	揮発成分	対象
糖尿病	アセトアルデヒド	呼気
口臭	硫化物	呼気
肺癌	アセトイン・1-ブタノール	呼気
肝性脳症	アンモニア	呼気
腎不全などの疾患	トリメチルアミン	呼気
魚臭症候群	トリメチルアミン	汗・尿・呼気

＊　Hiroyuki Matsumoto　岩崎電気㈱　新技術開発部　課長

て構成している。アセトアルデヒドとニコチンアミドアデニンジヌクレオチド（nicotinamide adenine dinucleotide：NAD⁺）の反応により，アルデヒドの水素原子がNAD⁺に供与され，還元型NADHが生じる。NADHは蛍光特性を有するため，波長 335 nm のUV-LED光で励起し，その蛍光（493 nm）を光電子増倍管（PMT）で検出することで，アセトアルデヒド濃度を定量化する。これがアセトアルデヒドの検出原理である（図2.5.2）。

図2.5.3はアセトアルデヒド用バイオスニファのガス計測評価系の概略図である。バイオスニファ部にリザーバータンクからβ-NAD⁺を混合したリン酸緩衝液をポンプで循環供給し，同時に測定対象であるアセトアルデヒド（AA）ガスをガス感応部に供給する。

図2.5.4はアセトアルデヒドガスに対するバイオスニファの応答特性である。アセトアルデヒドガス供給直後に鋭く蛍光強度が増加しており，ガス供給中は連続してモニタリングができていることがわかる。またガス濃度の増加に伴い強度が大幅に増加しており，広いダイナミックレンジで計測が可能となっている。

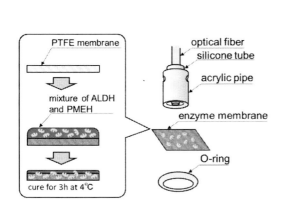

図2.5.1　バイオスニファの構造外略図
（東京医科歯科大学　三林教授からの提供）

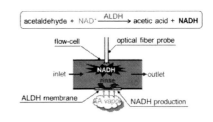

図2.5.2　アセトアルデヒドの検出原理
（東京医科歯科大学　三林教授からの提供）

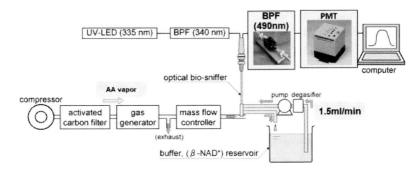

図2.5.3　アセトアルデヒド（AA）用バイオスニファのガス計測評価系
（東京医科歯科大学　三林教授からの提供）

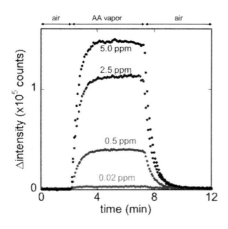

図2.5.4 アセトアルデヒドガスの応答特性
（東京医科歯科大学　三林教授からの提供）

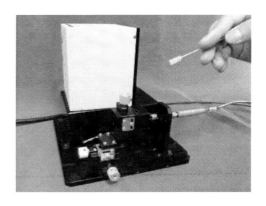

図2.5.5 バイオスニファ計測システム
（東京医科歯科大学　三林教授からの提供）

図2.5.5に本システムの外観写真を示した。バイオスニファは小型軽量なシステムながら，サブppbレベルという高感度で，簡便に，連続して呼気ガスをモニターすることが可能という大きな特長がある。ここではアセトアルデヒドの計測事例を紹介したが，固定化する酵素を適宜選択することで，呼気中のエタノール，アセトン，ホルムアルデヒドなどの計測も可能となっている[3]〜[5]。

② QCM法による医療用滅菌装置の活性酸素検出

活性酸素とは文字通り高活性で基底状態の酸素よりも酸化力が高い状態と定義される。酸素分子の1電子還元体であるスーパーオキシドアニオン（O_2^-），2電子還元の過酸化水素（H_2O_2），2価鉄（Fe^{2+}）でさらに還元されたOHラジカル，励起状態の一重項酸素（$^1O_2$）などが生体内で生成することが知られており，酸化ストレスによる過剰な細胞死は，老化，発癌，梗塞，神経変性など，様々な疾患の原因と考えられている。一方で，活性酸素の高い酸化力を利用した工業的な応用として，医療用滅菌装置が開発されている[6]。これは，低圧水銀ランプ（紫外線ランプ）で生成したオゾン（O_3），励起一重項原子状酸素（$O(^1D)$），励起一重項酸素（$^1O_2$）といった活性酸素（ガス）を対象物となる医療器具に作用させ，その滅菌を行うもので，滅菌薬剤の残留性や環境負荷の懸念が低い，新しい滅菌方式である。医療器具への活性酸素の作用量をモニターする方式として，水晶微小天秤（Quartz Crystal Microbalance）法を用いた活性酸素モニターの開発も並行して進められている。図2.5.6はその外観写真，図2.5.7は検出原理を示している[7]。QCM参照センサ，検出センサ上にはそれぞれ金（Au）電極と，活性酸素との反応で質量が減少する検知膜（有機系薄膜）が形成されており，検知量の周波数変化を差分演算することで，温度，湿度，圧力変化といった外乱成分を除去して，純粋な活性酸素の表面作用量をモニターすることを可能としている。

図2.5.8は各種有機薄膜による誘導結合プラズマで生成した原子状酸素に対するモニター特性

第2章　環境に関わるケミカルセンシング

図2.5.6　活性酸素モニター[7]

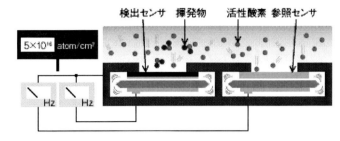

図2.5.7　動作原理[7]

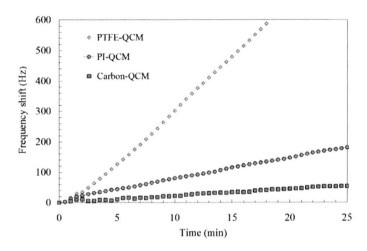

図2.5.8　各種有機薄膜-QCMによる原子状酸素の検出特性[8]
（Photopolymer Science and Technologyからの許可を得て掲載）

の一例である。水晶振動子（共振周波数6 MHz）上に，ポリテトラフルオロエチレン（PTFE），ポリイミド（PI）をターゲット材として，高周波スパッタリング法で有機薄膜を成膜したQCM（PTFE-QCM，PI-QCM），炭素薄膜をフラッシュ蒸着法で成膜したCarbon-QCMをそれぞれ用い，同一条件で原子状酸素を照射している。検出薄膜の材質によって周波数変化量，すなわち原子状酸素との反応による薄膜のエッチング量が異なっており，活性酸素種の種類や濃度（作用量）によって使い分けができることが示されている[8]。

2） 排ガスセンサの現状技術

排ガスセンサとして，以下にホルムアルデヒド検知器，自動車排ガス用NOx検知技術を示す。

① ホルムアルデヒド検知器

ホルムアルデヒドは，住宅建材，家具，さらにそこで使用される塗料，接着剤などから放出される揮発性有機化合物（VOC）の1種として，呼吸器障害，自律神経障害などの化学物質過敏症，いわゆるシックハウス症候群を引き起こす原因物質として知られる。WHO（世界保健機構）の

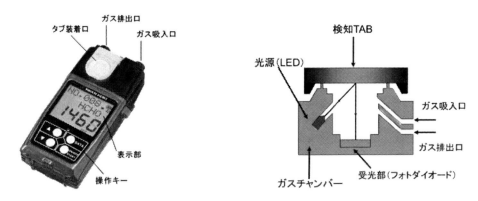

図2.5.9　ホルムアルデヒド検知器の製品外観と検知原理
(理研計器㈱製品カタログより)

基準にならい，厚生労働省から，室内環境基準0.08 ppm（30分平均）以下とするガイドラインが規定されている。このホルムアルデヒドを高感度に検知することが可能なホルムアルデヒド検知器の製品外観（FP-31，理研計器㈱）とその測定原理を図2.5.9に示す。発色剤を含浸させた検知テープにサンプルガスをわずかに接触させて，化学反応で発色させ，この発色度合いを光センサで電気信号に変換し，予めメモリーした検量線から，ガス濃度を検知している。他ガスの干渉もほとんどなく，高分解能という特徴がある。

② **自動車排ガスNOx検知センサ**[9]

政府は地球温暖化対策推進本部で，2030年度の温室効果ガス排出量（2013年度比）を26%削減する温暖化対策目標原案を了承した。温暖化対策のひとつとして，自動車の燃費向上によるCO_2排出低減という社会的な要請があり，これに応えるため，ガソリンエンジン車では，1990年頃から希薄燃焼（リーンバーン）技術が市販化されている。しかしながら，エンジン燃焼をリーンバーン化すると，CO_2は低減するもののNOxの排出量が増加する。リーンバーンでは排気の酸素濃度が高いため，従来の三元触媒によるNOx低減は困難となる。さらに，ディーゼルエンジン車では，NOxと未燃カーボン（粒子状物質：PM）の排出はトレードオフの関係にあり，NOxの排出量を抑制するとPMの排出量が増加するため，NOxセンサを使って，NOxの排出を規制値限界で制御し，PMの排出量を最小限に抑える必要がある。

より高効率のNOx排出制御と燃費向上を実現するセンサとして，1室型電気化学セルを有する混成電位型センサが開発された。図2.5.10は4つのセンサを配置した実験センサアレイの写真，図2.5.11は混パルスレーザーデポジション法によりジルコニアセラミックス等をSiO_2基板上に形成したセンサ構造である。5%の酸素を含む窒素ガスで希釈した1,000 ppmのNOガスに対し，350℃において約100 mVの起電力変化を示し，検出の困難なNOガスに対しても，世界最高レベルの検出特性を示している（図2.5.12）。さらに，応答速度は90%応答で5秒以下と非常に高速で，触媒性能監視用として必須条件である100 ppm以下のNOxの検出が可能という特徴がある。

第2章　環境に関わるケミカルセンシング

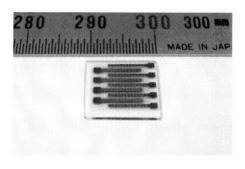

図2.5.10　混成型センサアレイの外観
((国研)産業技術総合研究所提供)

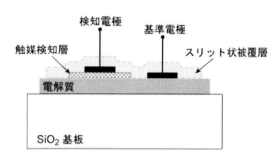

図2.5.11　センサ構造の概略図
((国研)産業技術総合研究所提供)

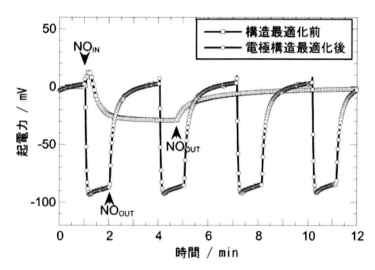

図2.5.12　NOガスのセンサ特性
((国研)産業技術総合研究所提供)

3) 匂い（嗅覚）センサの現状技術

嗅覚センサは，匂いの種類を識別したりその濃度を計測したりするセンサである。生体嗅覚と同様に，異なる特性を有する複数のセンサの出力パターンをパターン認識することで匂い種類の識別を行う。嗅覚センサは食品飲料，化粧品，環境計測，ヘルスケア，セキュリティなどの分野で必要とされている[10]。嗅覚センサの種類と特徴を表2.5.2にまとめた。

以下に蛍光プローブ技術，表面弾性波（SAW）デバイスによる匂い検出，さらに匂いセンサを搭載したロボット技術について示す。

① 光プローブ技術

蛍光プローブを用いた検知技術では，匂いの可視化が可能となる。励起状態にある蛍光色素と匂い物質が相互作用した際の蛍光変化を検知する機構で，特に，蛍光色素から匂い物質へエネ

ルギー移動を伴うものを Fluorescence Resonance Energy Transfer（FRET）現象と呼ぶ。図 2.5.13 に匂い画像撮影装置の概略を示した。装置は暗箱に収納されており，外部からチューブを介して匂いガスを可視化フィルムに吹き付けて，紫外（UV）光を照射しながら冷却型 CCD カメラで撮影する。FRET プローブとしてトリプトファンとバニリン（図 2.5.14）の混合溶液を使

表 2.5.2　嗅覚センサの種類と特徴（文献(10)をもとに筆者作成）

名称	検知原理
酸化物半導体ガスセンサ	酸化物半導体表面へのガス吸着による抵抗値変化
表面プラズモン（SPR）型高感度匂いセンサ	抗原と抗体が金電極表面上で反応する際の屈折率変化を SPR で検出
蛍光プローブ技術	励起状態にある蛍光色素と匂い物質が相互作用した際の蛍光変化を検出
水晶振動子（QCM）ガスセンサ	電極上への匂い物質の吸脱着に伴う質量変化を周波数変化として検知
表面弾性波（SAW）デバイス	電極上への匂い物質の吸脱着に伴う質量変化を周波数変化として検知
質量分析器（MS）	匂い分子をイオン化，磁場でふるい分けして検出器で検出
電気化学センサ	気体透過膜を介して匂いガス成分をセンサ内部の溶液に導き，作用電極上で電気分解させた際の電流値を検知する
カンチレバー型センサ	カンチレバー表面の匂い受容体への匂い成分吸着に伴うカンチレバーのたわみ量（共振周波数変化）やピエゾ抵抗値の変化を検知

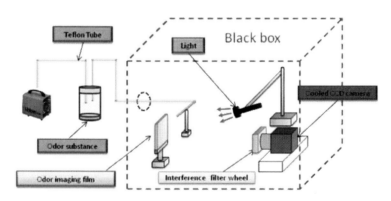

図 2.5.13　匂い画像撮影装置[11]
（電気学会からの許可を得て掲載）

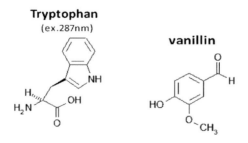

図 2.5.14　FRET プローブとして用いるトリプトファンとバニリンの化学構造[11]
（電気学会からの許可を得て掲載）

第 2 章　環境に関わるケミカルセンシング

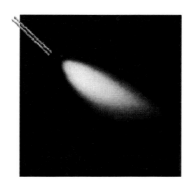

図 2.5.15　フェネチルアルコール（薔薇の香り）の可視化画像[11]
（電気学会からの許可を得て掲載）

用しフィルムを製作した際のフェネチルアルコール（薔薇の香り）の可視化画像を図 2.5.15 に示す．匂いを吹き付けてから 20 秒後の蛍光変化画像（差分画像）で，明るく表示されている部分は匂いにより蛍光が消光したことを示しており，匂いの流れが可視化できていることがわかる[11]．

このような技術を応用し，形状情報や手のひらから揮発する物質の匂いコードを読み取ることで，将来的には個人識別等も可能になると期待される[12]．

② **表面弾性波（SAW）デバイス**

近年，表面弾性波（SAW：surface acoustic wave）デバイスを用いた濃縮素子の匂いセンサが提案されている[10]．その検出原理図を図 2.5.16 に示す．SAW デバイスをペルチェ素子で冷却することで，表面に匂い分子を凝結させて匂いを蓄積し，acoustic streaming 現象で匂いを霧化して，近傍に配置した匂いセンサ（QCM センサ）で検出する．匂い分子は SAW デバイスの平面上に薄く蓄積されるため，匂いの脱着を瞬時に行うことができ，フォトリソグラフィにより大量生産できるため，素子間バラツキが小さいという特徴がある．

図 2.5.17 に低揮発性香気成分である 1-ノナノールのセンサ応答を示す．SAW デバイスは $LiNbO_3$ 128°回転 Y 板 X 伝搬の基板を用い，励振周波数は 60.9 MHz で，検出用センサは

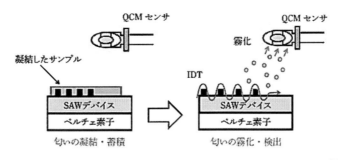

図 2.5.16　SAW デバイスを用いた匂いの濃縮と霧化による検出原理[10]
（応用物理学会　ならびに東京工業大学　中本教授からの許可を得て掲載）

Siponate DS-10を塗布した水晶振動子ガスセンサ（QCMセンサ）を用いている。水晶振動子ガスセンサはペルチェ素子の冷却によって温度が変化し，その影響で周波数が若干変化するため，冷却開始直後のマイナス方向への周波数シフトは温度変化の影響である。しかし，冷却停止後は1-ノナノールに応答していることがわかる。表面弾性波デバイスを用いた濃縮素子により，高感度の匂い成分検出が可能である。

③ 匂いセンサ搭載ロボット

図2.5.18は九州大学，金沢工業大学，㈱テムザックが共同開発した匂いセンサ搭載ロボットである。頭部両側に4個の半導体ガスセンサ等を搭載しており，タバコ臭の検知に成功している。

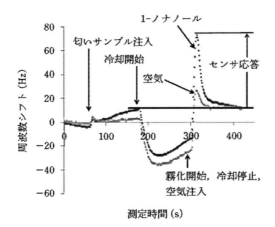

図2.5.17 1-ノナノールのセンサ応答[10]
（応用物理学会 ならびに東京工業大学 中本教授からの許可を得て掲載）

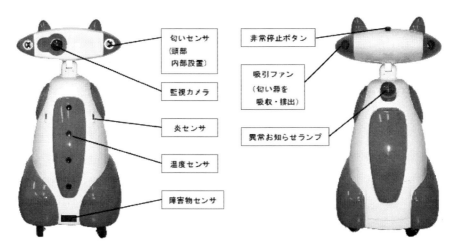

図2.5.18 匂いセンサ搭載ロボット
（㈱テムザック提供）

第2章　環境に関わるケミカルセンシング

今後，オフィス，一般家庭，被災地などで，迅速に目的の匂いを嗅ぎつけるロボットとして，活躍することが期待される[12]。

2.5.2　課題と展望

本節では医療・環境分野におけるケミカルセンサ，医療，排ガス，匂い検知技術の動向を述べた。各種センシング技術が人の健康管理や環境の保全へ役立つようにするためには，今後，①低コスト化，②高信頼性，③検知感度と選択性の向上が必要と考えられる。IoT（モノのインターネット）化，トリリオン・センサ時代の到来に向けて，新たな製造技術，検知技術，他分野との融合技術の研究開発が進められ，本分野の実用化が加速することを期待したい。

参考文献

(1) 厚生労働省：国民医療費・対国内総生産及び対国民所得比率の年次推移
(2) 工藤寛之，荒川貴博，三林浩二：医療と健康に向けた生化学ガスセンサに関するレビュー，電気学会論文誌E，Vol.133，No.6，pp.219-222 (2013)
(3) H. Kudo, M. Sawai, Y. Suzuki, X. Wang, T. Gessei, D. Takahashi, T. Arakawa, K. Mitsubayashi: Fiber-optic bio-sniffer (biochemical gas sensor) for high-selective monitoring of ethanol vapor using 335 nm UV-LED, Sensors and Actuators B 147, 676-680 (2010)
(4) M. Ye, P-J. Chien, K. Toma, T. Arakawa, K. Mitsubayashi: An acetone bio-sniffer (gas phase biosensor) enabling assessment of lipid metabolism from exhaled breath, Biosensors and Bioelectronics 73, 208-213 (2015)
(5) H. Kudo, X. Wan, Y. Suzuki, M. Ye, T. Yamashita, T. Gessei, K. Miyajima, T. Arakawa, K. Mitsubayashi: Fiber-optic biochemical gas sensor (bio-sniffer) for sub-ppb monitoring of formaldehyde vapor, Sensors and Actuators B 161, 486-492 (2012)
(6) 松本裕之，岩森暁：活性酸素計測モニター開発と表面処理プロセスへの応用，真空，Vol.55，No. 8 (2012)
(7) 岩崎電気ホームページ：
http://www.iwasaki.co.jp/product/applied_optics_field/uv-monitor/uv04.htm
(8) H. Matsumoto, M. Matsuoka, T. Iwasaki, S. Kinoshita, S. Iwamori and K. Noda: Active Oxygen Monitor Using Quartz Crystal Microbalance Method with Polymer Detection Layers, Photopolymer Science and Technology 22, 279 (2009)
(9) 産総研プレスリリース：
https://www.aist.go.jp/aist_j/press_release/pr2007/pr20070704/pr20070704.html
(10) 中本高道：嗅覚センサシステムの研究，応用物理，第83巻，第1号 (2014)
(11) 古澤雄大，横山諒平，劉傳軍，林 健司：複合蛍光プローブフィルムによる匂いの可視化センシング，電気学会論文誌E，Vol. 133，No.6，pp.199-205 (2013)
(12) 都甲潔：五感（味覚，嗅覚センサ），電気学会誌，134巻，3号 (2014)

2.6 労働衛生分野における適用事例・具体例

海福雄一郎*

2.6.1 労働衛生分野におけるスマートセンシングの役割

労働衛生分野における各種のセンシング技術は怪我などの労働災害防止に直結するため，特に建設業や製造業で重要な役割を持つ。厚生労働省の平成26年度報告によれば，死亡および休業4日以上の死傷病災害は全産業で約11万件であった。このうち死亡者数は1,057件，内訳は建設業が36％を占め，次いで第3次産業25％，製造業17％，陸上貨物・運送事業が11％と続き，その数は必ずしも減少傾向にあるとは言えない。また，災害の型は高所からの墜落，落下，激突，工作機械などへの巻き込まれなどが60％を占め，次いで業務中の交通事故が20％，化学物質への接触や感電などによるものが約10％となっている。

こうした現状を踏まえて，わが国の労働安全衛生行政も人や環境にいっそう配慮した施策がなされる傾向となってきている。平成28年6月施行の改正労働安全衛生法ではSDS（安全データシート）交付対象640物質のリスクアセスメントが企業規模，業種を問わず義務化となった。これは平成18年に社会問題となった印刷業における胆管がん発症の原因物質となった1,2-ジクロロプロパンという溶剤が当時の法規制の対象となっておらず，個別対応の遅れを国が重く受け止めたことが法改正の契機となったものである[1]。

また，特別規則による規制対象は114物質から1年ごとに数物質ずつ増える傾向にあり，今後も規制は強化，対象物質数は増加の一途を辿ると考えられる。こうした社会情勢の中で企業は人的，経済的コストを考慮しながら労働者への安全配慮を実施しなければならず，スマートセンシングによる省力化，簡易化が大きく注目され始めている。本節では労働衛生分野における職業性疾病を防止するための基本的な考え方や，各専門家会議，学会が提案する手法（リスクアセスメントや個人曝露測定）について背景説明すると共に，前節までに述べた各センシング技術の組み合わせや比色法，他の簡易測定法について，国内外の事例を用いて記載する。

2.6.2 労働安全分野におけるセンシングの基本的な考え方

欧米では，作業者の有害物質からの保護に関して成果基準（性能基準）の考え方を採用している。例えば米国では許容曝露限界値（PEL：Permissible Exposure Limit）を行政が定めて，「事業所内の従業員全員が曝露をPEL以下とする」ことを規定し，約6,000名に上る専門資格者（認定ハイジニスト）が行政への働きかけ，産業界への啓発活動を行っている。この専門家が様々なセンシング機器を任意に選択して使用する。

わが国においては労働安全衛生法により作業環境測定基準が定められ，労働者が働く『単位作業場所』と呼ばれる労働環境を管理濃度と呼ばれる閾値以下に保つよう規定されている。センシング機器についても告示などにて方法，機器が規定されている。しかし，最近では平成26年の

---

* Yuichiro Kaifuku ㈱ガステック　技術部開発1グループ　グループリーダ

第 2 章　環境に関わるケミカルセンシング

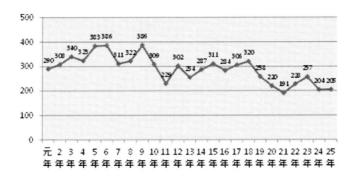

図 2.6.1　化学物質による業務上疾病者数（休業 4 日以上）
（厚生労働省「労働災害統計」のデータを元に作図）

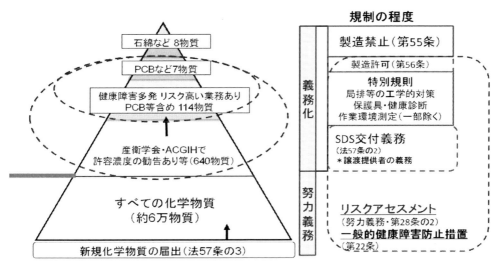

（厚生労働省「労働安全衛生関係法令における主な化学物質管理の体系」を元に再作図，http://www.mhlw.go.jp/file/05-Shingikai-12602000-Seisakutoukatsukan-Sanjikanshitsu_Roudouseisakutantou/0000025151.pdf）

図 2.6.2　国による化学物質管理の概念
（内側の点線から外側の点線に規制が広がった。）

法改正に伴い，欧米に準じたかたちの個人曝露測定の概念が取り入れられつつあり，センシング機器についても一物質一測定法ではなく，柔軟な運用が認められる傾向となっている[2],[3]。

2.6.3　曝露測定

国内の専門家会議である日本産業衛生学会が発行する『化学物質の個人曝露測定のガイドライン』によれば概ね図 2.6.3 のようなステップに従いリスクアセスメントを実施する。

まず，事業所にて使用する化学物質について事前調査を実施するが，この時点でコントロールバンディングと呼ばれる書面による評価で終了する場合もある。各センシング機器は②，③および⑤の各ステップにて使用する。

図 2.6.3　リスクアセスメント手順

　個人曝露測定は，曝露がほぼ等しいと推定される作業者の集団である同等曝露グループ（SEG：Similar Exposure Group）を設定して測定する。サンプル数は5もしくはそれ以上，測定時間は労働時間である8時間を基本とし，4時間もしくは個別に対応する[4]。

2.6.4　センシング機器

　労働衛生分野においては対象物質の気中濃度を迅速に測定するためにガスクロマトグラフなどの機器分析法に加えて，検知管や前節で述べた各センシング機器の使用が認められている。簡易測定機器と呼ばれる場合もあるが，これらの測定結果とその他の調査情報を合わせることで作業の様子を観察しながら直接その場で濃度を測定することが，曝露の推定に非常に有効な手段となる。また，大学や企業の研究室においては多くの物質を不定期にかつ間欠的に用いる特徴があるのでこうしたセンシング技術を機動的に用いて，その後の詳しい評価を進める上での事前情報を得ることができる。さらに，人的，コスト的に対応が厳しい状況にある中小企業においてはこれらのセンシング技術による測定結果を法的な測定のスクリーニング評価として位置づけることもできる。

　こうしたセンシング機器を使用する際に共通する注意点として事前の校正や妨害物質，共存物質の有無，作業方法や設備の巡視，測定のタイミングなどが挙げられる。

2.6.5　活用事例

1)　溶接作業中の一酸化炭素測定

　炭酸ガスアーク溶接作業においては，炭酸ガスの熱分解により一酸化炭素が発生することが知られており，通風の不十分な場所における作業では発生した一酸化炭素が蓄積し作業者に健康障害の発生するおそれがある。しかしながら事業者，労働者を含め溶接作業関係者の中では必ずしも一酸化炭素の発生及びこれによる健康障害に関する認識が十分ではない場合も多く，過去に死亡災害を含め数件の労働災害も発生している。近年，化学設備や機械設備において老朽化による

更新や産業構造の変化に伴う設備廃棄等が増加傾向にあるが，主要な対象設備であるタンクや貯槽の場合，その内部に爆発火災や中毒の原因となる廃液，汚泥，スラッジなどが残っていた結果，労働災害が発生している。表2.6.1には最近の災害事例を示す。装着型の一酸化炭素計を用いてアーク溶接作業者の曝露実態を調査した事例である。

一酸化炭素は血中のヘモグロビンに対する結合力が酸素よりも強く，吸引するとCOヘモグロビンを形成してヘモグロビンによる体内の酸素運搬を阻害する。そのため一日8時間，週40時間の労働時間中曝露しても問題ないとされる許容濃度（TLV-TWA），および国内規制値である管理濃度はともに50 ppm，短時間曝露限界値は400 ppmであるが，図2.6.4に示す測定では最大で1,000 ppm以上の曝露値を示していた。造船など狭所作業場所においてはこうした状況が多くみられることが予測され，換気を十分に行うか，一酸化炭素用防じん機能付き防毒マスク，酸素呼吸器，空気呼吸器または送気マスクを使用させるよう厚生労働省から通達が出されている。

2) 火災，災害現場におけるセンシング

火災現場では様々な燃焼生成ガスが発生し多くの有害ガスが含まれている（表2.6.2）。その中でもとりわけ一酸化炭素によって引き起こされる一酸化炭素中毒・窒息は，火災による死因として最も多い火傷に次いで二番目に高いことが報告されている。さらに火災時の燃焼生成ガスは，一酸化炭素以外に二酸化炭素，シアン化水素，硫黄酸化物，窒素酸化物，ホルムアルデヒド，ホスゲン，アンモニア等が検出される。特にアクリル製品の燃焼により発生するシアン化水素は毒性が高く，中毒症状も一酸化炭素と似ているため搬送患者の何割かはシアン化水素ガスによるも

表2.6.1　溶接，溶断作業中の災害事例

年	事例
2009	化学工場でタンクが爆発，4名死亡
2011	溶断した鉄板の下敷きになり死亡
2012	廃工場でダクト溶断中に火災
2012	ガスタンク検査中にバーナーが引火
2013	ドラム缶を切断中に爆発し死亡

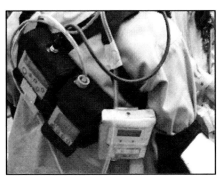
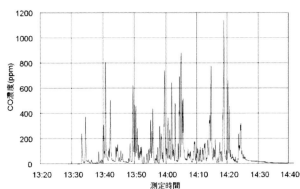

図2.6.4　アーク溶接時の個人曝露測定機器（左）と測定例（右）

表 2.6.2　火災時に発生する有害物質

燃焼生成ガス	燃焼物質	毒性	致死濃度
一酸化炭素	すべての有機物から発生	無色，無臭の可燃性ガス，頭痛，めまい	0.4 %
二酸化炭素	すべての有機物から発生	無色，無臭の不燃性ガス，呼吸数の増加，頭痛	30 %
シアン化炭素	アクリルやポリウレタンなど窒素を含む材料から発生	無色，特異臭の不燃性ガス，呼吸困難	270 ppm
塩化水素	ポリ塩化ビニル，塩化ビニルなど塩素を含む材料から発生	無色，刺激臭の酸性ガス，気道，目，鼻への強い刺激	2,000 ppm
硫黄酸化物[※1]	羊毛，アスファルトなど硫黄を含む材料から発生	無色の刺激臭，気道，目，鼻への強い刺激	2,000 ppm
窒素酸化物[※2]	窒素を含む材料から発生	褐色の酸性ガス，気道，目，鼻への刺激	250 ppm

※1）硫化水素，二酸化硫黄など，※2）二酸化窒素など

のと考えられている。また，2000年の三宅島や2014年の御嶽山噴火時には硫化水素，二酸化硫黄，二酸化炭素などの火山性ガスが発生した。被災者の救助活動を実施する警察，消防，自衛隊ではこうした火山性ガスによる二次災害が起きないよう装着型のガス測定器や検知管による測定が行われている[5]。

3）ビデオ曝露モニタリング（VEM）システム

労働衛生分野においては危険性・有害性の"見える化"を目的に，ビデオカメラによる作業の映像とモニタリング装置による測定データを同期再生させるシステムであるビデオ曝露モニタリングシステム（Video Exposure Monitoring：VEM（ベム），または Picture Mix and Exposure：PIMEX（パイメックス））と呼ばれる手法がある（図2.6.5）。本手法は1980年代半ばにスウェーデンにおいて開発されたが，各原理のセンサを用いて個人曝露測定を行い，同時に撮影した映像を同期させ，曝露源や局所排気装置などが安全に機能しているかの確認や労働者の作業姿勢の適切性などを指摘，改善する目的で使用されており，オランダでは政府の補助のもとで百以上の事例が公開されている。国内では建設業における落下防止や作業指示のための遠隔監視システムなどは導入，実施されているケースもある[6]。

4）メタノール使用施設における VEM システムの活用事例

有機溶剤を取り扱う樹脂部品のメタノールを用いた洗浄作業において，ウェアラブルカメラとハンディカメラで撮影を行いながら作業者の呼吸域のメタノール濃度を半導体式センサ搭載のモニタにて計測した。市販の見える化ソフトを用いてそれらのデータを同期再生させた（図2.6.6，改善前右，改善後左）。改善前の作業においてドラフトなどの工学的対策の設置はされていたが，作業者がドラフト外で作業を実施していたため，短時間ではあるが高濃度のメタノール曝露が確認できた。すべての作業をドラフト内で行うよう改善指導を行い，低減効果の確認ができた（左）。

5）排水処理場における硫化水素の連続モニタリング

下水道施設内での硫化水素の発生は，管路の腐食，悪臭，作業者の中毒事故など，大きな被害

第2章 環境に関わるケミカルセンシング

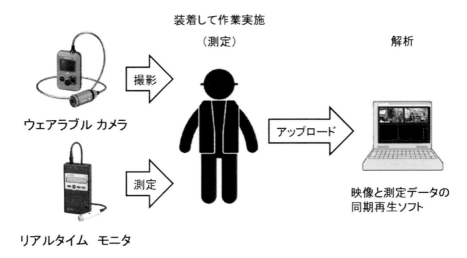

図 2.6.5　VEM システム概念図

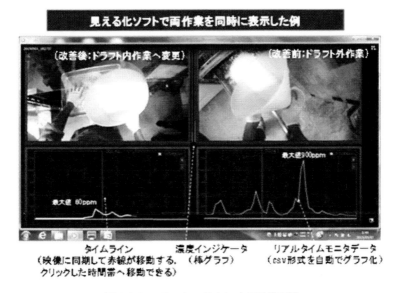

図 2.6.6　VEM システムによる改善事例

をもたらす。下水道施設内は嫌気的な状態になるため，硫酸イオンが硫酸塩還元細菌によって還元され，硫化水素が生成する。

下水の pH は 7 前後であるため，硫化水素が気体化しやすく，硫化水素は容易に気相中へ放散される。放散された硫化水素は，コンクリート表面の結露水や飛沫した下水に再溶解し，好気的な条件のもとで硫黄酸化細菌によって酸化，硫酸が生成する。コンクリートの表面に生成された硫酸によって，コンクリートが化学反応を起こし，腐食および劣化する。

こうした腐食による道路陥没などを未然防止するためには事前に硫化水素発生濃度やタイミ

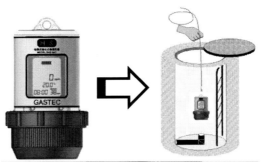

検知原理	定電位電解式
検知方式	拡散式
検知範囲	0〜10ppm, 0〜100ppm
濃度記録	内蔵データロガーによる蓄積データ数：12,032個
使用環境	−10〜40℃, 30〜95%R.H
電源	単3形アルカリ乾電池(4本) 電池寿命：約2ヶ月
構造	耐腐食・防滴構造 密閉形，吊り下げ形

図2.6.7 連続モニタリング機器の例

ングなどを調査し，部品交換やメンテナンスなどを適正に実施する必要があるため，下水道処理施設や施工，メンテナンス事業者は連続モニタリングが可能な硫化水素測定器を設置する場合がある。装置をマンホールやビルピットに設置し，一定時間モニタリング後，装置を引き上げてデータをロギングし，硫化水素濃度の発生状況を把握する。場合により無線などによる管理を行うことができる。

6) 農業集落排水処理場における汚泥貯留槽内の硫化水素モニタリング事例

農業集落排水処理場とは農業集落におけるし尿，生活雑排水などの汚水等を処理する施設であり，農業用排水の水質の汚濁を防止，農村の基礎的な生活環境の向上を図るための施設であり，一般的な構造は流入槽→ばっ気→沈殿槽→消毒槽となっている。

各処理段階にて硫化水素が発生する場合があり，配管の交換時期やメンテナンス時期の決定などを目的に連続式の硫化水素モニタ（GHS-8AT，ガステック製）を用いた。当施設は24時間稼働の施設であるが，一定のサイクルにて処理作業を行っていた。図2.6.8は汚泥貯留槽と呼ばれる部分の連続測定データである。9月29日の16時付近で最大80ppmの硫化水素が計測された。これは各家庭から流入した汚泥を一定時間貯留している間に前述の硫酸塩還元細菌により硫酸イオンから硫化水素が発生し，汚泥貯留槽からの処理開始時に各槽間の扉が開いた際，硫化水素が測定ポイントに到達したものと推測された。排水の貯留時間と硫化水素発生量に相関があることが判明し，稼働サイクルを変更するなどして硫化水素発生濃度を抑制することができた[7]。

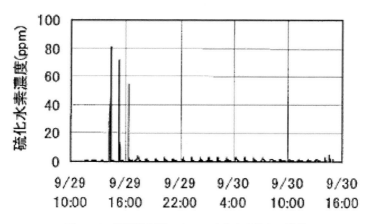

図 2.6.8 汚泥貯留槽における硫化水素濃度の推移

2.6.6 課題と展望

　日本の労働衛生分野においては人的,コスト的な問題でスマートセンシングによる省力化,簡易化が注目され始めている一方で,企業の自主的取り組みに対する意識がまだ低い傾向にある。特に99%を占める中小企業においては法規制そのものの存在を知らない場合や,規制をクリアしていれば問題ないという意識の企業もある。ある地域では半分程度の事業者が法的義務である作業環境測定を実施していないという報告もある。センシングの対象となる法規制されている化学物質は人や環境に対する毒性が確認されているものであり,規制外の物質が安全であるというわけではない。2012年に社会問題化した印刷事業所における胆管がんの発症事例についても当時,規制されていなかった1,2-ジクロロプロパンは健康影響がないものと溶剤の供給事業者,使用した印刷事業者は判断し長期間使用してしまった事実もある。

　また,今回義務化となったリスクアセスメントについても行政には規制の強化だけではなく,企業の自主的取り組みに対するサポートが求められている。例えば米国では有害性の周知,教育に関する法律（ハザードコミュニケーションスタンダード）があり,SDS（安全データシート）を職場で教育して記録に残さなければならない。自主的な取り組みが不得手な日本においてもこうした労働者,もしくは現場の安全を監視する衛生管理者に対する周知の方法について専門家の間で議論されている[8]。

　最後に発生した労働災害のうち法的に全く問題がなかったケースが6割と言われている。これは裏を返せばきちんと作業環境管理をしていても一定の割合で労働災害は発生することを意味している。事業者に対しては遵法性だけではなく,その一歩先を見据えた取り組み姿勢が求められている。

参考文献

(1) 厚生労働省ホームページ：http://www.mhlw.go.jp/
(2) （公社）日本作業環境測定協会：作業環境，VoL.35，第 3 巻（2014）
(3) 中央労働災害防止協会：特定化学物質障害予防規則の解説
(4) 産業衛生学会：化学物質の個人ばく露測定のガイドライン，産衛誌 57 巻（2015）
(5) 今井孝祐：火災調査現場において採取する微量ガスの分析による助燃剤検出方法の確立，消防技術安全所報 45 号（2008）
(6) 中央労働災害防止協会ホームページ：
http://www.jisha.or.jp/service/index.html
(7) ㈳におい・かおり環境協会測定評価部会：臭気簡易評価技術の活用に関する報告書
(8) Applied Occupational and Environmental Hygiene Volume 8, Issue 4（1993）

2.7 まとめ

田中　勲*

　本章では，"ガスセンサ"，"室内・生産施設環境"，"$PM_{2.5}$"，"医療，排ガス，匂い検知"，"労働衛生分野"における現状技術と適用事例・具体例を紹介した。ケミカルセンサはフィジカルセンサに比べると開発や実用化がやや遅れている印象がある。調査した結果も，スマートセンサの定義に合致するものもあれば，定義の範囲を逸脱していると考えられるものもある。しかし，担当した著者らは，関連する情報を整理し提供することがケミカルセンサに興味をもたれる読者に有益である，と判断し，本章ではあえて"環境分野におけるガスや空気中化学物質の検出技術の現状"という観点で，広く情報を集め紹介させていただいた。皆様のご参考になれば幸甚である。

　一方，安全・安心な社会の構築や，省エネルギー社会の実現は全ての国民によって求められている。例えば，爆破物によるテロの報道が後を絶たず，東京オリンピックを間近に迎え，我々の身近な問題になりつつある。爆発物から発生する微量なガス成分をケミカルセンサでとらえ，テロを未然に防ぐとともに，スマートセンサ機能により発生源の動きを究明し犯人逮捕につなげるような技術が望まれる。また，生産環境，労働環境や生活環境における空調の省エネルギー化は不可欠である。BEMSやHEMSと連動して制御するスマートなケミカルセンサは省エネのための有効な手段の一つとなる。さらに，フィジカルセンサとの融合も新たな用途の発想につながるかもしれない。ケミカルセンサの今後の展開が期待される。

＊　Isao Tanaka　清水建設㈱　技術研究所　環境基盤技術センター　医療環境G　グループ長

コラム

粒子状物質汚染

勝部昭明*

　粒子状物質は大きさがマイクロメータ（μm）オーダーの微粒子状大気汚染物質をいう（図1）。粒子状物質はその大きさから PM10，PM2.5，PM0.1 等があり，大きさによって健康に与える影響が異なる。PM10 は，大きさが 10μm 程度以下の微粒子であり，PM2.5 はこれよりいくらか小さく日本では微小粒子状物質とも呼んでいる。PM2.5 は大きさが小さいため体内深く侵入しやすい。PM0.1 はこれよりさらに小さく，超微小粒子状物質と呼ばれる。PM0.1 はインフルエンザのウイルスと同じ程度の大きさで，ナノ粒子とも呼ばれる。粒子を球状にして考えると，直径が 1/10 になるとその表面積は 100 倍となり，粒子の数は 1,000 倍となる。体内の器官との接触面積が大きい程健康に大きな影響を与えると考えられるから，PM0.1 の健康に与える影響は大きいと考えられている。この他，人にアレルギーを起こすものに花粉があるが，花粉は 30〜50μm 程度あり大きいので体内深くには入らず目や鼻のアレルギーとして現れる。

　粒子状物質の測定法は，フィルター上に粒子を振分け，その重量を測定する「フィルター法」や，同様に集めた粒子にベータ線を照射してその透過率から測定する「ベータ線吸収法」等がある。

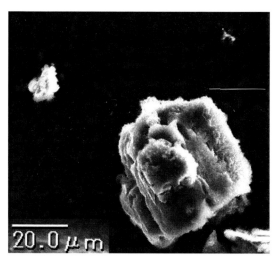

図1　粒子状物質の電子顕微鏡写真（左上，右上の物体も粒子状物質である）
　　（東京電機大学　工学部　内燃機関研究室（小林佳弘　准教授）より提供）

　＊　Teruaki Katsube　埼玉大学　名誉教授

わが国では1960年代～1970年代頃から公害が大きな社会問題となった。最初に問題となったのは硫黄酸化物である。大気汚染の原因となる他，水に溶けて酸性物質となることから酸性雨の原因となり生態系を乱し人体への影響も大きい。初めはその危険性があまり認識されなかったが，次第に理解が進み環境基準が定められると共に具体的な規制が導入され，同時に脱硫装置の設置も進んだ。その結果，硫黄酸化物の濃度は低く抑えられるようになっていった。次に問題となったのは窒素酸化物である。窒素は安定した元素であるが，ボイラーやエンジン等で高温・高圧にさらされる等すると酸化して窒素酸化物となる。窒素酸化物は体内に入ると細胞を損傷したり気管支炎の原因になったりする。また酸性雨の原因ともなる。このような問題が明らかになってきた為対策も進み，脱硝装置などの進歩によって窒素酸化物の濃度も，また同様に他の公害物質の濃度も低く抑えられるようになっていった。このようにして公害問題の対策が進められてきたが，新しく問題となったのが粒子状物質である。

　人が呼吸を通して微粒子を吸い込んだとき，鼻，喉，気管など呼吸器系に吸着し健康への影響を与える。喘息や肺がんなどの呼吸器系や，心疾患，脳等の循環器系等の疾患につながる恐れがある。排出量の多い時には窓の開閉や外出を控えること，空調機を有効に使うなどの自衛策も求められる。高齢者や子供等への影響も大きいと考えられる。

　粒子状物質は工場，焼却炉，自動車などからの燃焼，煤煙等により発生する一次生成粒子のほか，排ガスや排煙中の窒素酸化物，硫黄酸化物，アンモニュウム塩，水素イオンの化合物などが大気中で化学反応を起こして生成される二次生成粒子などがある。ディーゼルエンジンからの排煙が気管支喘息の原因になることも指摘されている。またガソリンを給油するときに放出される蒸気「ガソリンベーパー」からの発生も重要である。ガソリンベーパーは排出するときは揮発性有機化合物［VOC］でそれ自体では気体だが，太陽光と反応したり，他の化合物と反応したりして粒子状物質となり人に悪影響を与える。欧州では多くのガソリンスタンドに揮発性化合物防止装置が設けられている。

　一方，春先に多いとされる中国や韓国等からの飛来物もある。中国の大気汚染は，1990年代頃から大きな社会問題となってきた。2008年の北京オリンピック以来表面化し始め，2013年の北京では，PM2.5の1時間当たりの平均値が900$\mu g/m^3$前後にもなった。日本の環境基準値は一日の平均濃度が35$\mu g/m^3$以下だから非常に大きい大気汚染である。これは経済発展を最優先させてきた中国政府の責任でもある。こうしたことは中国の威信を傷つけるものであり，北京ではオリンピック開催以前から市内の交通を大幅に制限したり工場を閉鎖したりする政策をとってきた。しかしオリンピックが終了するとまたもとの状態に戻っている。中国の大気汚染の原因にはまず自動車の急激な増加がある。中国の自動車保有台数は経済成長にあわせて急激に進み，2012年には1億2,000万台に達した。台数の増加と共に，粗悪な燃料が大量に使用されていること，新車の排気ガス対策があまり進んでいないことなども汚染の原因と考えられる。また石炭が大量に使用され，火力発電所，工場，家庭等からの汚染も大きな問題である。これらの人工的な汚染に加えて中国には黄砂の影響もある。黄砂は中国やモンゴルなどの砂漠地帯から発生する微

小な粒子でその表面には細菌やカビなどが付着している。黄砂は偏西風に乗って日本や韓国などに飛来するほか，アメリカにも飛来するという報告もある。表1は，中国，朝鮮半島，国内についてPM2.5が何処に由来するのか調べたものである。九州には中国からの飛来が61％もあることがわかる。一方関東では国内の発生も51％あり，国内の排出規制も重要である。

表1　PM2.5の飛来割合

	九州	近畿	関東
中国	61%	51%	39%
朝鮮半島	10%	6%	0%
国内	21%	36%	51%

参考文献

(1) 嵯峨井勝：「PM2.5，危惧される健康への影響」，本の泉社（2014）
(2) 石川健二：「PM2.5，危機の本質と対応」，日刊工業新聞社（2015）
(3) 読売新聞：PM2.5，給油時に発生源（2015年3月8日，朝刊）

第3章　環境に関わるフィジカルセンシング

3.1　はじめに

安藤　毅*

　我々は古来より，身の回りの様々な物理量を工夫して数値化し，生活を豊かにするために利用してきた。例えば，ある棒を物に添わせることによって，その棒を基準として長さや大きさを表すことが出来る。離れた場所にある持ち運び困難な物体も，同じ棒を利用して比べることによって比較が可能となる。この棒の長さを規格化し，長さを計る共有の道具として利用したものが単位である。このように，物理的な実体を基準として物理量を表す計測は，長さ，大きさ，重さ，量など多岐にわたり，今日に至るまで変わらず行われている。

　一方で，身の回りで起きる物理的な事象を知覚する試みも様々に行われてきた。例えば，縄に鈴を付けたものを一帯に張っておけば，人や動物などの侵入を音で知ることが出来る。身近な例で言えば，液体の温度による体積の違いを利用して温度変化を可視化し，液体の体積を量ることによって温度を数値化する温度計の例が挙げられる。これらは言い方を変えれば，知覚できない物理現象を，知覚できる物理現象に変換する行為であり，しばしば計測と複合して用いられる。こういった変換と計測を行う仕組みを，知覚の英訳 sense が示すとおりセンサと呼び，その行為はセンシングと呼ばれる。外来語を用いず，もっと今風に，「見える化」と言った方が，一般の方々には親しみを持って接してもらえるかもしれない。

　さらに近代以降，センサ，センシングのあり方は，電気の発明と共に大きく形を変えることとなった。力，熱，音，光，電磁波など様々なエネルギーは電気エネルギーと相互変換することが可能である。電気電子工学，半導体工学などの技術進歩に伴い，様々な事象，特に知覚困難なものを電気信号に変換し，また，その電気信号の大きさによって，元の物理量を評価する技術を発達させてきた。そのため，今日単にセンサと言った場合では，電気的，電子的な検出器や計測器を指す，もしくはイメージすることがほとんどである。加えて，センシングによって得られた情報は人に提示されるだけでなく，機械，電気電子機器を「制御」することにも広く利用されており，現代社会の豊かな生活を支えている。

　センサ技術に支えられた「見える化」と「制御」は，現在，次のステージに進もうとしている。そのひとつは，MEMSセンサ技術に代表される，小型化，高感度化，省電力化である。もうひとつが，センサに高度な情報技術を付加し，新たな活用法を見出す「スマートセンシング」である。様々なデバイスがスマート化（高機能化）されるなかで，センサもその例に漏れず，新たな

---

*　Ki Ando　東京電機大学　工学部　電気電子工学科　助教

付加価値として情報処理，通信機能を有するようになってきた。このスマートセンシングが，従来行われてきた物理的（フィジカル）な事象の「見える化」や「制御」をどう高機能化し，我々の生活環境においてどのように用いられているか，様々な実例を紹介する。

3.2 屋内環境におけるスマートセンシング

安藤　毅*

3.2.1 屋内環境におけるフィジカルセンサの役割

　人の生活環境は，大きく屋内と屋外に分けることが出来る。屋外では，気温や天気などの気象，振動や歪みなどの構造物の状態，人や車の交通などがセンシング対象になる[1]。屋外環境におけるスマートセンシングの詳しい事例の紹介は本章後半に譲るが，身近なものでは，計測データをバスの運行に利用する例が挙げられる[2]。しかし，屋外で何らかの事象や対象の状態をセンシングしたとしても，それを制御することは一般的に困難であることが多い。そのため，屋外においてセンシングされたデータは事象の把握や解析に利用されることが主体である。

　一方で屋内環境は，程度の差はあれ外部と区切られた環境であり，人の手によって事象の制御がある程度任意に可能である。そのため，測定データは居住環境を制御し，快適な暮らしを実現するために利用されてきた。典型的な例として，冷暖房器具による温度の測定と自動制御や，人感センサを用いた自動ドアの開閉，照明のオンオフが挙げられる。近年では省電力意識の高まりを受けて，電力消費の抑制を狙った制御例も目立つようになってきた。例えば，本来センサを搭載する必要がなかった液晶テレビに照度センサや人感センサが搭載され，バックライトの照度の調整や自動で電源を切る機能を有するものがある。また，エアコンに搭載される人感センサは，人のいるエリアに風を送ったり，人のいないときに出力を絞ったりする機能の実現に利用されている。これらは，使用の快適さのみならず消費電力の抑制が意図されたものであり，一般消費者の受けを狙ったエコ〇〇という機能は，身の回りを見渡せば枚挙に暇がない。特に照明，冷暖房器具，冷蔵庫など稼働に要する電力量が大きいものや，常時稼働している機器ほど，センサと連携した省電力機能の導入が顕著である。

3.2.2 エコ家電

　先の例で紹介した，エコ〇〇と呼ばれる省電力化機能を有した家電製品は，エコ家電，省エネ家電などと総称される。特に，2009年から2010年にかけて行われた，エコポイントの活用によるグリーン家電普及促進事業（略称：家電エコポイント事業）によって，その名前が一気に浸透することとなった[3]。このエコ家電は，当初，光源にLEDを利用したり，熱源や筐体の熱効率を向上したりすることによって消費電力の低減を狙ったものが主流であった。その流れが一段落した後，その家電の主な制御目的とは異なる副次的なセンサを搭載し，そのセンサ情報を省電力化に利用する家電製品が増加してきた。主な例を以下に示す。

1) 人感センサ

　人体が発する赤外線（熱）を利用して，人の存在を検出する。赤外線の検出そのものは，赤外線を受けて温度上昇した焦電素子が発生する起電力を利用した，図3.2.1に示すような焦電型赤

---

* Ki Ando　東京電機大学　工学部　電気電子工学科　助教

(a) センサ素子　　(b) フレネルレンズ付

図 3.2.1　焦電型赤外線センサ　　　　図 3.2.2　人感センサを搭載した暖房器具

外線センサを用いる[4],[5]。センサに指向性を持たせるため，ドーム状のフレネルレンズが装着されていることが多い。この焦電型赤外線センサは安価かつ簡易な構造を持ち省電力であるため，非常に一般的に用いられている。

用途としては，図3.2.2に示した暖房器具のように，人がいないときに機器の電源をオフにしたり，出力を小さくするために利用されることが多く，冷暖房器具，ディスプレイなどに搭載されている。図3.2.2の写真中央の円形の部分が人感センサである。また，人の在，不在の検出だけでなく，センサの精度向上や，配置や指向性を工夫することによって，部屋内での居場所や姿勢，また，人の密度を検知する用途として用いられる例も増えてきており，照明の調光や空調の風向などの制御に利用されている[6]。そのほか，こたつの中に人感センサを搭載して自動で電源をオンオフする製品もあり，人を検知する対象となる空間が，部屋ではなくこたつの中であることは非常に興味深い。

2) 照度センサ

照度センサにはフォトダイオードやフォトトランジスタが用いられており，入射した光強度に応じて流れる電流値が増加することを利用して，光の強さを測定する[7]。人間の目は緑色に感度のピークを有するため，それに近くなるように照度センサの感度が調整されているものも多く，図3.2.3に示す照度センサでは緑色の樹脂レンズでパッケージされている。非常に汎用的に用いられ，室内の明るさの測定による照明やディスプレイの照度の最適化だけでなく，日照センサや，日射センサとして利用して，空調の出力制御などにも利用されている。また，室内が暗くなったことを検出することによって照明を自動点灯する利用方法は古くより存在するが，逆に近年では，室内が暗くなることを就寝したことの判定として利用し，冷蔵庫の運転強度を抑えたり，図3.2.4の例のように空気清浄機の風量を弱くして省電力化と共に静音化するなど，明るさと運転状態の関係がまったく逆の利用法が目立つようになってきた。

3) 温度センサ

温度を測定する方法としては，熱電対やサーミスタが挙げられる[8]。熱電対は2つの異種金属

第3章　環境に関わるフィジカルセンシング

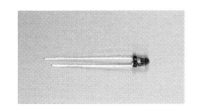

図 3.2.3　照度センサ（フォトトランジスタ）

図 3.2.4　照度センサを搭載した空気清浄機の操作パネル

図 3.2.5　サーミスタ

図 3.2.6　温度センサ IC

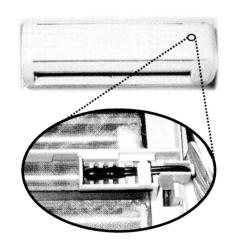

図 3.2.7　エアコンに搭載されたサーミスタ

線の接合点と開放端に温度差があると，その開放端に温度差に応じた電位差が発生するものである。しかし，温度評価のためには高精度な電位差を測定する必要があり，また熱電対自体の価格も高いために，家電制御用途ではほとんど用いられない。サーミスタは温度によって半導体の抵抗値が変わることを利用するもので，低価格であるために，生活環境の温度モニタリング用途では一般的にはこちらが用いられる。また，サーミスタは出力特性が非線形であるために，デバイスの製造段階で IC 化され，温度変化に対して線形な出力特性を持つよう改良されたものもある。これらの温度測定用の素子の外観は図 3.2.5，3.2.6 に示すように，その他の電子部品と外見で見分けることは困難である。もちろん，図 3.2.7 に示すように，冷暖房器具もしくは冷蔵庫などの熱源や冷却機に搭載され，温度制御に利用されているのはいうまでもない。また，前述の赤外線センサも物体が発する赤外線の強度を評価することによって温度測定を行うことが可能であり，離れた場所の物体の温度を非接触で評価可能である。そのため，エアコンで床や壁，窓など背景

の温度評価に利用されている例がある。

　一方で，温度の絶対値はセンサで容易に評価可能であるが，人間の体は発熱，発汗を伴うため，気流や湿度，服装によっては温度センサ出力と実際の温度の感じ方が異なる。そのため過去には，素子の発熱や放熱特性を人間のものに近付けて温度を測定する，温冷感センサの開発が試みられていたようである[9]。もっとも，現在ではその利用が喧伝されていないところを見ると，次項で述べる，温度センサや赤外線センサの情報を元に解析処理され，算出される温冷感評価にとってかわられたのではないかと考えられる。

4) 対物センサ

　熱を持たない家具や壁の構造物などは赤外線センサでは存在を検出できないため，図 3.2.8 や図 3.2.9 に示すような超音波型や光センサ型の物体センサが利用される[10]。超音波型のセンサは，超音波を発してから物体に反射して戻ってくるまでの時間を計測し，距離を算出する。光センサ型では，物体の光吸収特性に影響されづらい赤外光を空間に照射し，その反射光などを光センサで捉える。物体からの反射光強度を大まかにフォトダイオードで捉えて近接センサとして利用するものと，PSD（Position Sensitive Detector）素子を利用するものがある。PSD は一次元または二次元的な方向に感度の広がりを持ち，入射した光の重心位置と出力電圧が相関する。それを利用して，図 3.2.10 に示すような原理の三角測距で物体までの距離を精度よく測定する[11]。また，散乱光を利用するものもあり，受光部に入射する散乱光の量から，光源と受光部の間にある

図 3.2.8　超音波センサモジュール　　　　図 3.2.9　光測距モジュール

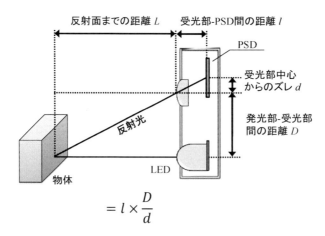

図 3.2.10　PSD 素子を利用した三角測距

第3章 環境に関わるフィジカルセンシング

図 3.2.11 自動水洗装置に内蔵された近接センサ

物体の量や密度を評価することが可能である。超音波センサは，超音波が吸収されやすい布，毛布，スポンジなどの測定対象を苦手とし，光センサは，反射光の状態が極端に変わる光沢のある対象を苦手とするため，測定対象に応じて使い分けられるのが一般的である。

どちらの物体センサでも，基準として記憶しておいた値からセンサ出力が変わった場合に，センサと基準位置の間に物体が存在することを検出できる。そのため，物体の検知だけでなく，精度や応答速度のよい人感センサとして，図3.2.11のような自動水洗装置や，スマートフォンを耳に当てた際の誤動作防止などに利用される場合がある[12]。また，後述するスマート家電に近い利用方法であるが，距離情報を利用した場合では，間取りや家具を検知し空調の風向を効率よく制御するためなどに用いられている。同様に，散乱光を利用するものでは，冷蔵庫の中にどのくらい食品が収納されているか，また，新たに食品が投入されたかを判断し，運転強度の制御に用いられている例がある。これらのセンサは，精度よく対象を検知し距離を測定できるため，エコ家電の要素として利用されるよりも，後述するスマート家電において，高度な情報処理と組み合わされて利用される場合が多い。

5) カメラ

撮影した画像を直接利用者に対して提示する手法が最も基本的な利用方法である。他にも，画像処理を行うことによって，人物認証や物体認識，明るさなどの環境情報の取得など，前述の人感，対物，照度センサなど様々なセンサの機能をひとつのカメラで代替可能である。その反面，カメラの利用に際しやや高水準の情報処理装置を必要とするため，簡易的なマイコンを搭載する家電では利用が困難で，後述するスマート家電において利用される場合がほとんどである。

3.2.3 スマート家電

前節のエコ家電の例で挙げたセンサの利用法は，ここ10年の間に用いられるようになった比較的新しい手法であるものの，センサ出力が家電の運転のオンオフや強弱に直結する，比較的単

65

純な利用に留まっていた。しかし，ここ数年の間で上位機種に採用されるようになってきた付加機能は，センシングと情報処理，通信機能が高度に連携，協調したものとなっており，家電メーカーはその機能をスマート家電，スマート機能などとうたっている。米国の市場調査会社IHSによるニュースリリースによると，スマート機能を有する冷蔵庫やルームエアコンなどの大型白物家電は，2014年に世界で100万台未満の出荷台数だったが，2020年までに年2億台を超える出荷台数となる見込みという[13]。また，空気清浄機やロボット掃除機などの小型の製品も含めれば，7億台を超えると予想されている。そのスマート家電に搭載される具体例な機能の例を以下に示す。

1) 通信機能

家電製品に通信機能を付与し，他の機器と無線接続し，連携した機能を提供する[14]。スマート家電においては，利用の容易さや対応機器の多さから，すでに一般化している無線通信方式が利用されることが多い。屋内と屋外，外部サーバをつなぐ長距離の通信では，従来のインターネット網である携帯電話回線や光回線を用いた長距離通信が主な手段となっている。一方，屋内通信では無線LANが代表的な通信方式で，無線LANルータの設定によっては外出先から機器を遠隔制御できるメリットがある。反面，ネットワークセキュリティの問題や，無線LANルータなどの接続設定に慣れない利用者もまだまだ多い。そのため，利用場面によっては，接続設定が容易なBluetoothや，電子マネーのように機器同士を近づけるだけで通信可能なRFIDが利用される（図3.2.12）。

2) 遠隔操作

専用アプリケーションをインストールしたスマートフォンと家電製品を通信させることによって，スマートフォンのタッチパネルディスプレイと通信機能を利用した高機能なリモコンとして使う例は，電球から空調に至るまで非常に多い。また，後述のスマートハウスにおける機能の一環として専用の操作パネルを導入し，それを用いて遠隔操作を行う例もある。これらの遠隔操作においては，操作端末から家電製品へ単方向の通信だけではなく，家電製品から操作端末への双方向通信を行うものが主流である。例えば，故障，不調や交換時期などを検知してメンテナンス情報を通知したり，温度などの機器周辺の情報や，炊飯や洗濯などタスクの進行状態などを取得できるものなどがある。

図3.2.12　家電パネルに印字された
RFID機器の合わせマーク例

第3章　環境に関わるフィジカルセンシング

図 3.2.13　スマートフォンによる家電の遠隔操作と運転情報の見える化

　また，自宅内での遠隔操作だけでなく，外出先からの機器の遠隔制御を行う機能を有するものがある。例えば，図 3.2.13 のイメージのようにスマートフォンによる帰宅前のエアコン ON 機能や，外出後の切り忘れ確認機能などがある。しかし，この機能が最初にエアコンに搭載された際，経済産業省が定める，電気用品の遠隔操作において「危険が生じるおそれのないもの」の製品リストにエアコンが記載されていなかったため，電源を切る機能しか実装できなかった[15]。その後，省令の解釈の変更がなされ，手元操作優先や動作状況の通知など一定の安全基準を満たした場合は，安全な製品リストに記載がなくとも遠隔操作機能を実装してもよいことになった。

　一方，後から家電の遠隔操作を実現するためのデバイスとして，通信機能付の学習リモコンがある。標準で遠隔操作に対応しない機器でも赤外線リモコンにさえ対応していれば，これを利用して外出先からスマートフォンなどで機器を遠隔操作することが可能である。また，IFTTT（If This Then That：イフト）と呼ばれる WEB サービスがあり，「もしユーザーがこれをしたら，その後自動的にあれをする」というふうに，IFTTT が 2 つの WEB サービスの間を自動的に取り持つ[16]。もともとは SNS 連携を自動化するためのものであったが，それが拡張され，IFTTTに対応した家電製品や学習リモコンに時間や位置情報などをトリガとしてあらかじめ設定した指示を自動送信することが可能となった。例えば，「家から 1km 以内の位置に入ったら，学習リモコンにエアコンを動作させる」などとして利用する。非常に便利で先進的な試みであるが，その反面，本来家電メーカーが想定していない利用法で，また，海外の製品，サービスの組み合わせであり国内においての安全性は担保されていない。自動化遠隔操作に限ったことではないが，安全をとるか便利をとるかは，法整備，メーカーの側だけでなく，利用者側でも常に慎重な議論が必要である。

3）　見える化

　センシングした各種運転状況と消費電力を見える化し，省エネ意識の向上につなげようという機能も多くのスマート家電が持つものである。エアコンでは，現在や累積の消費電力に加え，外気温や室内の温湿度などを提示することによって，適切な冷暖房温度設定を促す仕組みである。

冷蔵庫では，ドアの開閉回数と庫内温度，消費電力のグラフを表示し，また，カメラで撮影した庫内映像を画面に表示するなどして，外出先からの庫内確認や，無駄な開閉を抑制する仕組みを備えている。何らかの機器の運転状況の見える化ではなく，屋内，屋外の温湿度，空気の清浄度など環境のセンシングと見える化のみを専門に行う機器も存在する[17]。例えば，netatmo 社がこれに類する製品を提供しており，先述のIFTTTにも対応しているため，見える化をしつつ家電制御のトリガとできるなど，後述するスマートハウスのような利用もできることが興味深い。

このような見える化機能を提供するために，個々の家電に，ディスプレイやタッチパネルなどのユーザーインターフェース，情報処理装置を搭載すると製品のコスト増加に繋がる。そこで，ユーザーインターフェースと情報処理，通信機能を兼ね備え，高い普及率と携帯性のスマートフォンが，見える化のための出力端末として利用されることが非常に多く，むしろ自然な流れであると言える（図 3.2.13）。スマート家電という名称が高機能な家電という意味のみならず，スマートフォンを利用する家電という含みをもつ要因は，この遠隔操作と見える化におけるスマートフォンの活用にあると言える。

4）スマートフォンのセンサとの連携

スマート家電において，スマートフォンとの連携が肝となっていることはこれまでに述べたとおりである。ここで，スマートフォンそのものが持つ機能に着目してみると，ユーザーインターフェースと情報処理，通信機能の他にも，表 3.2.1 に示すような，数多くのセンサが搭載されている。スマートセンシングを行う上で，この高機能なセンサ群を利用しない手はない。

図 3.2.14 に示した例は家電メーカーが提供するスマートフォンアプリの仕様イメージで，寝返りなどの就寝時の体の動きを，就寝時に寝具の上に置いたスマートフォンの加速度センサを使って検知する[18]。そのアプリは同時に，連携したエアコンが測定した室温と消費電力のログを取る。寝室が暑い，寒いなどで不快である場合，体の動きが多くなることを評価する目的である。さらに，起床時には，寝覚めのよさを5段階で評価し，主観的な感想の記録も行う。このアプリの利用者はこれを元に，睡眠時間中のエアコン温度が最適になるよう，また，無駄に電力を消費しないようフィードバックを行う。エアコンの温度設定はスマートフォンの画面で，時間ごとに詳細に設定できるようになっている。該当技術の特許請求範囲を見ると，本来であれば，スマートフォンの加速度センサで検知した体の動きと，エアコンの温度センサが測定した室温の情報を解析し，自動で温度制御にフィードバックを行うことが目的であったと考えられる[19]。しかし現在のところ，先述の遠隔操作の安全性基準を満たさないためか，まだ開発途中であるのかは不明であるが，製品化はされていないようである。しかし，スマートフォンとの連携のみで，専用

表 3.2.1　スマートフォンに搭載されるセンサの例

タッチパネル	カメラ	近接センサ
温度センサ	ジャイロセンサ	加速度センサ
方位センサ	GPSセンサ	照度センサ
気圧センサ	マイク入力（A/Dコンバータ）	

第3章　環境に関わるフィジカルセンシング

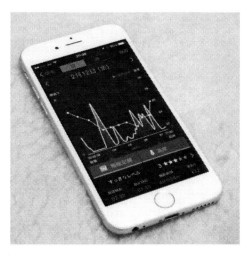

図 3.2.14 「おやすみナビ」：スマートフォンのセンサ
連携による見える化の例[16]

のセンサや情報処理装置を実装しなくても高機能が実現できるこの類のシステムは，導入の敷居が非常に低いと言え，今後ますますの発展が期待される。

　このように，スマートフォン自身が積極的にセンシングを行うデバイスとして扱われる例はもはや一般的となっている。加速度センサを利用した万歩計，GPS情報をクラウド上に集積して利用する混雑情報など，もともと搭載しているセンサを流用する例が多い。一方で，温度センサや赤外線ユニットなどの外付けのセンサユニットや，スマートウォッチ，センサ内蔵型リストバンドなどと連携する例も年々増加している。

　このようなトレンドを反映してか，過去に存在した放射線センサを搭載するやや極端な例も含め，スマートフォンの運用とは関連性の薄いセンサを内蔵するモデルも数多く存在する。一例として，近年，気圧センサを搭載するモデルが増加しており，アウトドア用として標高の推定を目的としている。加えて，この気圧センサでも，センサを流用した本来の想定とは異なる利用のアイデアが様々に提案されており，ネットワーククラウド上に気圧データを集積し天気を信頼性高く予測する試みや，標高情報とマップマッチングを利用したGPSの利用頻度を下げた省電力な移動経路の推定手法などがある[20],[21]。余談だが，表3.2.1のセンサ群に外気温度センサが加われば，一般的な環境測定に必要なセンサはほぼ網羅されている状態になる。個人的な予想ではあるが，スマートフォンに外気温度センサが一般的に内蔵される日は近いのではないだろうか。

5) スマート家電が有する情報処理機能

　これまでに挙げたスマート家電の例では，スマートフォンを相手とした通信を行い，情報処理機能は主にスマートフォンが担っているものであった。しかし，家電製品は本来自立運転を行うものであるため，それ自身が情報処理機能を持つこともまた必要となる。この情報処理機能は，センシング対象の空間的情報の解析，または時間的情報の蓄積に用いられていることが多く，

メーカーは学習機能などと呼称している。例えば，ある空間をセンサで二次元的，三次元的にスキャンし解析すれば，その空間の情報が得られる。また，センサ情報や機器の運転情報を時系列に沿って蓄積し解析すれば，機器制御の精度向上，運転のスケジューリング，機能の自己診断などを行うことが可能となる。

近年のエアコンでは表3.2.2に示すように，人感センサを利用した単純な自動オンオフだけでなく，赤外線センサによって測定した床や窓などの温度情報を元に，人の温度の感じ方である温冷感に合わせた温調制御を行う例が増加している[22]。また，測定指向性のある赤外線センサや超音波センサをアレイ化したりスキャンすることによって，空間をいくつかのエリアに分割してセンシングして人の位置を特定する例が見られるようになった[23]。加えて，時間の経過によって移動しない物体は家具や壁であると判断できると同時に，室温との温度差の大きくなる床や窓際などの位置も特定可能である[24]。もちろん高性能な情報処理装置の導入が必要であるが，カメラによる画像処理も用いられている場合がある。これらの情報を蓄積，解析し，人が滞在する頻度の高い位置や，設定温度と差のある位置に積極的に送風することによって，効率のよい冷暖房が可能となる。さらには，赤外線センサや高分解能なサーモグラフィックカメラによって評価した人と背景，床や壁などの温度差情報を解析することにより，温冷感をより高精度に推定したり，物体の熱輻射，吸収を算出し，温度制御や吹き分けを行う例も報告されている[25], [26]。

常時稼働し積算の消費電力が大きい冷蔵庫では，開閉頻度，内容量，庫内温度，照度など各種センサ情報から時間帯別の利用頻度を学習し，時間，曜日ごとに運転強度の制御を行い省電力化を試みている例がある。また，現時点では実現されていないものの，冷却状態の統計を取り，ユー

表3.2.2　エアコンに搭載されるセンサとその情報処理による評価対象

		配置	指向性	用途
赤外線センサ		角度固定	無	人感センサ 床温度の評価
赤外線センサ		アレイ化 又は スキャン	有	エリアごとの 物体検知と その温度評価
超音波センサ		スキャン	有	エリアごとの 物体検知
カメラ		角度固定	広角	エリアごとの 物体検知と その温度評価*

＊サーモグラフィックカメラの場合

第3章　環境に関わるフィジカルセンシング

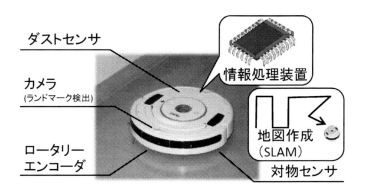

図3.2.15　自動掃除ロボットのセンシングと情報処理

ザーに効果的な利用方法のアドバイスを行ったり，冷却機能の低下を自己診断してメンテナンス，経年劣化，不調などの情報を提示する機能が提案されている。加えて，この自己診断機能はネットワークを利用した外部データベースとの連携を行い，他所にある同型機器と比較することによる診断の効率化も想定されているようである[27]。

6）自動掃除ロボット

スマート家電の最たる例が，近年にわかにブームとなっている自動掃除ロボットではないだろうか[28]。図3.2.15に示すように，障害物との衝突や段差からの落下を避けるための対物センサに加え，粉じんや汚れを捉えるための光センサ，走行状態を車輪の回転を通じて把握するためのロータリーエンコーダなど多数のセンサを搭載し，これらの情報を高度に処理しながら自動で部屋内を走行し掃除を行う。また，自動で充電ステーションに戻るためには，充電ステーションとの位置検出機能も必要となってくる。不要な場所や危険な場所への進入を回避するためには，赤外線で特定の位置を示すランドマーク装置を活用している[29]。

最も重要な機能である掃除の際に，部屋の掃き残しのない走行をするためには，ランダムもしくは特定の走行アルゴリズムの利用のみでは不十分である。そのため，センサ情報を活用したSLAM（Simultaneous Localization and Mapping）と呼ばれる自己位置の推定と走行マップの構築が活用されている。近年ではセンサ情報に加え，カメラを用いて天井付近にある構造物をランドマークとして認識し，走行性能の向上を行っている例もあるなど，自動掃除ロボットは，高度な情報処理機能とは切り離せない関係にある[30]。

3.2.4 スマートハウス

1）HEMS

近年の省エネルギー化や再生エネルギー利用の志向を受けて，一般住居において電力を中心とした消費エネルギーの管理，制御システムが提唱，導入されつつあり，HEMS（Home Energy Management System：ヘムス）と呼ばれている[31]。また，HEMSが導入され，HEMS対応のスマート家電や太陽電池，蓄電池，コジェネレーション，EV（Electric Vehicle）などの，エネ

ルギーを使う，貯める，作る，それぞれの機器が高度に連携した住居をスマートハウス（Smart house）と呼び，様々な分野のメーカーがこぞって参入している（図3.2.16）[32]。このシステムではHEMSコントローラが中核となり，住居や各機器の消費電力，供給電力などの情報を収集する。収集した情報を元に情報端末を活用して見える化し，エネルギー管理を行いやすくしたり，省エネルギー意識の向上に利用される。例えば，図3.2.17は電子レンジの電力消費の見える化例で，朝と夜にピークがあることがわかる。さらには，スマート家電の運転状態やコジェネレーションによる発電を制御して電力需要のピーク制御を行ったり，蓄電池の充放電制御による再生可能エネルギーの積極的利用を行う。

　HEMSのための電力計測，情報通信，遠隔操作の機能の提供は，スマート家電が出荷時より備える場合もあるが，現在のところ図3.2.18のように配電盤や家電に装置を外付けする方法もまだまだ主流である。スマートハウス内の機器間通信は，スマート家電の通信機能の項で述べた無線通信に加え，配線不要のPLC（Power Line Communication：電力線通信）や省電力な短距離無線通信のZigBee，Wi-SUNなどが用いられる場合があるが，これらはまだまだ一般化していない[33],[34]。しかし，今後，短距離無線通信が一般化し通信帯域が逼迫することを見越して，アナログテレビ放送の停波により空いた920MHz帯が短距離無線通信のために新たに割り当てられている。

　このHEMSの総戸数に対する普及率は，2014年度見込み値で0.5％（26万戸）とされており，また2020年度で3％（160万戸）と予測されている[35]。普及の速度が芳しくない一因として，消費電力モニタリングシステムだけでもHEMSコントローラと配電盤に取り付ける電力計測ユニットで10万円からとなり導入コストが高いことが挙げられ，省エネ効果で得られるリターンと見合わない。また，機器の通信，制御のための規格がメーカーごとにまちまちであることなど

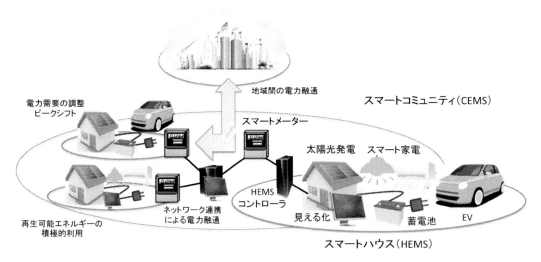

図3.2.16　スマートハウスとスマートコミュニティ

第3章　環境に関わるフィジカルセンシング

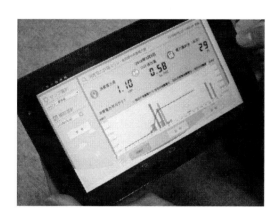

図3.2.17　HEMSによる消費電力の見える化：
電子レンジの電力消費の表示例

図3.2.18　HEMSのための電力測定ユニット

図3.2.19　スマートメーター外観

が導入や利用の利便性の向上を阻んでいる。政府も2012年にEchonet lite（エコーネットライト）を通信プロトコルの標準規格として推奨し大手メーカーはそれに追従しているものの，物理的な通信方式や機器の制御方式は統一されておらず，メーカー間の互換性は無いに等しい[36],[37]。そのため，現状では単一メーカーのシステムを一度に導入しなければHEMSのメリットを十分に享受できず，結果として，導入機会が住居の新築時や大幅リフォーム時に限られ，普及が進まない一因となっている。

2) スマートメーター

近年では，従来の円盤が回りカウンタが増える誘導型電力計に替わり，図3.2.19に示したようなスマートメーターと呼ばれる電力計の普及が進んでいる[38]。これは，各戸の消費電力を積算するいわゆる電気メーターであるが，従来のものとは異なり，電子式の電力センサを搭載した電

力計である。また，計測した消費電力量を電力会社や HEMS ユニットに送信する通信機能を有する点でも，従来の誘導型電力計と一線を画する。この通信機能によって，メーターの検針をすることなく各戸の消費電力情報をリアルタイムに収集することが可能となる。電力会社はこれを利用して，自動検針と電力消費のピークシフトを狙った時間帯別の電気料金設定を行っている。ただし，電力会社へデータを送信する頻度は，ネットワークトラフィックの問題や情報量の必要性などを考慮した結果，現在のところは30分に一度としている。

電力会社とスマートメーターの通信（通称 A ルート）は通信網の整備コストを考慮し，都市部ではメーターの密度が高いことを生かして，短距離無線通信の Wi-SUN を用いたマルチホップ通信による，障害に強いメッシュネットワークでデータの伝送が行われる[39]。また，郊外では携帯電話ネットワーク，高層住宅では PLC が主に用いられている。一方で，HEMS とスマートメーターの通信，連携（同 B ルート）は 2015 年に始まったばかりであるが，HEMS の電力センサのひとつとしてリアルタイム（1秒毎）な情報収集に利用することが試みられている。通信方式は A ルートと同じ Wi-SUN を標準仕様とし，また，通信プロトコルは他の HEMS 機器と同じ Echonet lite を通信プロトコルとしている。スマートメーターの設置は電力会社が行うため費用負担はなく，スマートメーター普及率の見通しは 2020 年時点でおよそ 8 割，2024 年には日本全体で従来のメーターを置き換える予定となっている[40]。

地域全体のエネルギー管理システムは，Community の C をとり CEMS（セムス）と呼ばれ，CEMS が導入されたスマートコミュニティ，スマートグリッドと呼ばれるシステムが提唱されている[41]。このシステムの狙いは，スマートメーターを活用した住居⇔住居やビジネス街⇔住宅街などの余剰電力融通による需要と供給の最適化，安定化と再生可能エネルギーの利用割合向上である。現在では，横浜市，豊田市，けいはんな，北九州市などでスマートシティプロジェクトの社会実験が行われている段階である[42]。

3.2.5 ビルエネルギー管理システム BEMS

企業などにおいては改正省エネ法の施行もあり，一般住居より積極的な省エネルギーシステムの導入が求められている。電力消費の大きい照明や空調に対する統合化された自動制御が中心の，企業ビルや工場のエネルギー管理，制御システムは BEMS（Building Energy Management System：ベムス），FEMS（Factory Energy Management System：フェムス）と呼ばれる[43]。また，その運用状態をコンピュータで見える化し，省電力化やピークカット，他の機器との連携制御などの管理運用に役立てる試みも一般的になってきている。興味深い例を挙げると，ネットワークから天気予報を取得したり，過去に計測した運転状態をニューラルネットワークなどの機械学習を用いて解析したりして，未来の照明，空調の運転スケジュールを決定するものがある[44],[45]。これら，省エネルギー化システムにおける，センサによる情報の取得とその解析，ネットワークによるセンサ群と機器の連携制御などは，スマートセンシングが利用されている場面の一端と言え，今後さらなる発展が期待される分野でもある。実際に，延べ床面積が 10,000 平方

メートル以上の大規模ビルでは，2015年時点でもほぼ100%の普及率となっており，それ以下の中規模ビルでも，2030年には80%が導入しているとの予測である。しかし，HEMSの例と同様に導入コスト負担が大きいため，BEMS導入による省エネ効果が小さい延べ床面積500平方メートル以下の小規模ビルでは，2030年においても4%しか導入されていないと見込まれている[46]。

3.2.6　BEMSにおけるセンシング活用事例

ここで，東京電機大学の東京千住キャンパス（図3.2.20）の例を挙げ，BEMSとスマートセンシングの関わりあいについて見てゆくことにする[47]。このキャンパスでは，6千人近い学生が在籍し，教室数だけでも約80室となる。そのため，積極的な省エネルギー対策を行わないと，消費エネルギーは膨大な物となる。幸い2012年度より運用を開始した比較的新しいキャンパスであるため，様々な先進的BEMS運用の試みがなされており，省エネルギーキャンパスのモデルケースであると言える。また，学生は省エネルギーにつながる積極的な活動を行わない（例えば教室を退出する際に消灯しない）という前提で運用されていることも興味深く，省エネルギー活動はセンサネットワークと情報システムの活用によりフォローされている。このシステムを導入したキャンパスは，これまでの例に則ると「スマートキャンパス」となるのかもしれないが，この大学自身は「省CO_2キャンパス」と自称している。このシステムの特徴を，順を追って示す。

1)　各種設備の自動制御

図3.2.21に示すように，BEMSネットワーク運用は大きく分けて，空調，照明，ブラインド，熱源のシステムに分けることが出来る[48]。各設備の上位にはiContと呼ばれる情報管理装置が実装されており，実際にはこの装置がセンシングと機器制御を司る。各iContは表3.2.3に示すようにシステムによって配備される数が違い，空調，照明は電力消費が大きく，また各部屋に配備されるシステムであるため，言わずもがな実装数が多い。

空調システムについて見ると，温度計測に基づく冷暖房制御の最適化は当然行っているし，同

図3.2.20　東京電機大学　東京千住キャンパス外観

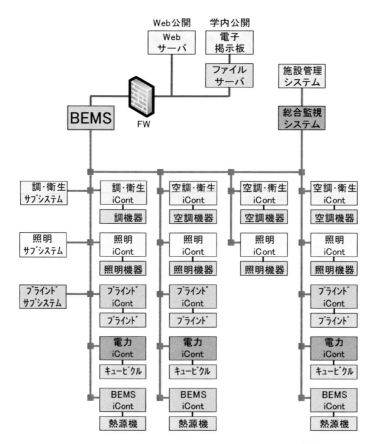

図 3.2.21　東京電機大学　BEMS システム系統図[48]
(出典元："東京電機大学 省 CO_2 検証委員会"による性能評価の成果物(各種学協会で既発表)より許可を得て引用)

表 3.2.3　各サブシステムにおける情報管理ユニット(iCont)実装状況[48]
(出典元："東京電機大学 省 CO_2 検証委員会"による性能評価の成果物(各種学協会で既発表)より許可を得て引用,改変)

システム名	空調・衛生	照明	電力	ブラインド	水冷熱源機	空冷熱源機
iCont 設置台数	41	27	4	19	1	3
通信プロトコル	BACnet (IEIE J-G0006)					
物理的な通信方式	NC-bus LON-talk MESL		CC-Link	RS-485	RS-485	RS-485
収集方式	Read-Property					
収集周期	1分					
実収集数	36,500	6,500	800	13,300	200	500

第3章　環境に関わるフィジカルセンシング

時に，ビル管理衛生法に基づき炭酸ガス濃度を1000 ppm以下に保つ役割を担っている。また，照明は人感センサによる自動点灯と消灯を積極活用しており，大学構内で生活する中で，照明のスイッチを意識することはほとんどない。その中で，一般ではまだまだ手動で動作させることの多いブラインドのiCont実装数の多さが目立つ。これは，ブラインドの適切な利用によって，外光の取り入れ，熱線や冷気の遮断が効率的に行えるためである。建物の全てのブラインドは，事前に計算されたその日その時間の太陽の射角に基づいて開閉状態が自動で制御される。

2) 施設管理システムとの連携制御

ここまでの例では，各部屋の機器が独立して計測制御を完結することも可能であるが，さらなる省エネルギー化を目指すために，教室の使用予定や学生の出席管理行う施設管理システムとの協調も行っている[49]。図3.2.22に教室における照明・空調スケジュールの例を示す。まず，照明においては，講義中に人感センサが反応しなくなることによる消灯を避けるため，教室に講義などの使用予定が入っている場合ではそれを優先して連続点灯し，それ以外の時間帯のみ人感センサによる照明の運用がなされている。一方，空調においては，講義開始と同時に空調を開始したのでは，その時限の最初のうちは空調が追い付かず不快である。かといって，朝から連続稼働させるのは甚だ無駄である。また，空調オンから一定時間後に自動で切れる運用では，学生が勝手に空調を入れ，短時間滞在後に空調を切らずに退出する例が目立つ。そのため，教室の使用予定にもとづいて使用予定の20分前から，ウォーミングアップ運転をするようになっている。

さらに，教室使用時間中では，温度計測による空調制御だけでなく，教室定員と履修登録人数，またはIDカードリーダによって取得した出席人数を元に，省エネルギーを目的とした空調制御を行う。休み時間では，空調制御は継続するものの，風量を最小限にしたり，教室未使用時間が2コマに及ぶ場合などは，空調をいったん停止するなど，施設管理システムとの連携を積極的に行いつつ空調を行っている。

炭酸ガス濃度の制御ではさらに関係が複雑で，規定以下に収めるために闇雲に換気を行った場合，せっかく温めた（冷やした）空気が逃げてしまい，エネルギーの無駄になる。そのため，炭酸ガス濃度も同時に計測し，冷暖房と換気を協調して行う必要がある。図3.2.23は換気制御のスケジュールだが，講義開始からの時間経過に伴って，①履修者数，②出席者数，③センサで計測した実際の炭酸ガス濃度，それぞれにもとづいた制御の段階を経ることによって，基準以下に炭酸ガス濃度を収めつつ，省エネルギーな空調を実現している。この徹底した連携制御はブラインド制御にも及び，冬場では講義前に積極的にブラインドを巻き上げて日光を取り入れて事前暖房の節約を行った後，講義中では適切な照度にコントロールを行う制御へと移行する。

3) ネットワークによるデータ収集と「見せる化」

これまでに示した例のように，BEMSを導入した省CO_2キャンパスでは，センサ同士，または他の情報システムとのネットワーク連携が非常に重要な役割を果たしている。このキャンパスでのセンサデータ取得数は毎分6万点にも上り，統合監視システムがその全てのデータをBACnetと呼ばれるネットワーク経由で記録している[48]。それをさらに，在館情報，施設利用情

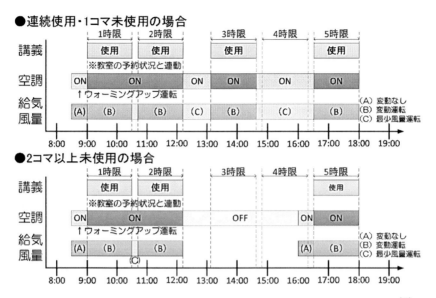

図 3.2.22　施設管理システムと協調した教室における照明・空調スケジュール[49]
(出典元："東京電機大学 省 CO_2 検証委員会"による性能評価の成果物（各種学協会で既発表）より許可を得て引用)

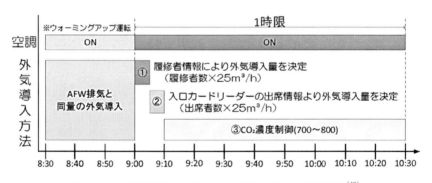

図 3.2.23　在室情報と CO_2 センサ情報を用いた換気制御[49]
(出典元："東京電機大学 省 CO_2 検証委員会"による性能評価の成果物（各種学協会で既発表）より許可を得て引用)

報などのデータと組み合わせた膨大なデータは，様々な形で見える化されて，さらなる省エネルギー化の実現に利用されている．また，設備の管理者側が見える化された情報を活用するだけでなく，施設利用者に対しての省エネルギー意識向上のため，図 3.2.24 に示すようにデジタルサイネージや WEB サイトを利用して，積極的な「見せる化」を行っていることも特徴である[50]．

3.2.7　課題と展望

屋内環境で行われるスマートセンシングは，スマート家電，スマートハウスなど，スマート○○といった新しい技術として，我々の生活に浸透しつつある．これまでに紹介してきたように，

第3章　環境に関わるフィジカルセンシング

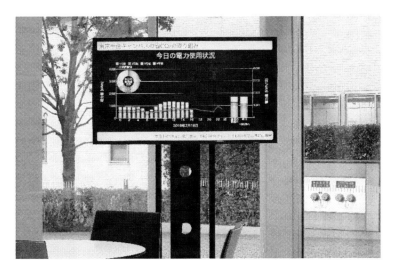

図3.2.24　ラウンジに置かれた「見せる化」のためのディスプレイ

　この技術は新たなセンサの開発によってもたらされたものではなく，計測結果の情報処理とその通信の活用が非常に大きく寄与しているものである．またその用途は，省エネルギー化を意図した電力制御，運転制御を行うものがほとんどで，利用者の利便性向上に直接関係する機能は多くない．BEMSの例など，センシング情報の高度な情報処理と通信技術に支えられた技術が存在する一方で，センシング情報をスマートフォンなどに出力するのみの，初歩的な活用に留まっている例も数多く存在する．しかしながら，スマートフォンは多くのセンサを搭載可能で，情報処理，通信，ユーザーインターフェースを併せ持ったデバイスであり，普及率も非常に高い．そのため，スマートフォン（またはタブレット端末）が，我々の日常生活においてのスマートセンシングを支えるハブとなるデバイスになってゆくことは想像に難くない．スマートフォンを用いた見える化の例はすでに数多く存在し，スマートフォンからの遠隔制御の例も今後増加してゆくだろう．

　一方で，センサ情報をもとに自動かつ遠隔で運転制御する機能，特に，機器の電源をオンにしたり，運転強度を増加させるといった自動制御は，スマート家電，スマートハウスを通じてメーカー標準の機能としてはほとんど見られなかった．その理由としては，機器の自動制御の安全性が確保できず，また，制御結果についての責任の所在が明確でないことが大きい．ユーザーの「オンにする」という意思や，その運転状態を認識できることが重要視されている．自動車の自動運転の実用化が見えてきた現在，家電の自動運転も同様に，ユーザーの意思確認や認識の補助，フェールセーフ，フールプルーフなどの外堀を埋める技術と，法整備，ユーザーの心構えをそれぞれ高度に熟成する必要があるだろう．

　HEMSやスマートハウスの例を見た場合，システム運用にはHEMSコントローラや外付けのHEMSユニットなどの装置を必要としており，また，機器の通信，制御のための規格はメーカー

ごとにまちまちである。この互換性の問題を受けて，スマート家電同士の連携機能は商業的に成立せず，スマート機能は個々の機器内で完結，または，対スマートフォンに限定されがちな要因となっていると考える。Echonet lite や Wi-SUN を標準規格として採用したり，補助金を交付したりするだけでなく，HDMI のように各メーカー間での接続と制御の互換性を得なければ，十分な普及は望めないだろう。電力会社が主導し2024年に普及が完了するスマートメーターとHEMS の連携が，この問題の解決の足がかりとなるはずである。これらのスマート家電，スマートハウスの問題が解決すれば，IFTTT の例が示すような自由で利便性の高いスマートセンシング生活が実現できるはずである。

省 CO_2 キャンパスでの BEMS においても，空調，照明など各サブシステムの導入メーカーの規格や設備管理の都合上，センサ群と制御はサブシステムごとに独立している。そのため，現在のところ施設管理システムと各サブシステム間の連携に留まっており，サブシステム間の協調は過去のデータを参考にした人の手によるプリセットで実現されている。また，膨大なセンサネットワークの効率的な運用も非常に重要な課題となっている。一例として，ネットワークの無線化技術の進歩が著しい昨今においても，センサノード数が膨大であるために無線化が困難で，構築，管理に手間のかかる有線ネットワークを利用せざるを得ない。同時に，逐次記録される膨大なセンサデータは解析されるより集積されるペースが速く，スマートハウスメーカーや BEMS 導入企業が独自に解析，運用するだけでは追いつかず，その効果的な処理が課題となっている。スマートメーターで採用されたような，マルチホップ通信によるメッシュネットワークの利用が一般化すれば，ネットワークの効率的な構築が可能となるはずである。また，通信のプロトコルも BACnet や IEEE1888 と呼ばれる規格で統一が進められているものの，物理的な通信手段はセンサのサブシステムごとに異なっているため非効率である。そのため，HEMS の例と同様にネットワークの互換性を早急に確保する必要がある。BEMS 運用によって得られた膨大なビッグデータにおいては，データを規格化して公開することによって，解析手法や運用方法の検討，共有が行い易くなるため，TSC21 などのオープンなデータ規格への統一が望ましいと考える[51]。HEMS も BEMS も強力に統一された規格があれば，導入コストの低減につながり，円滑な普及に繋がると言えるだろう。

参考文献

(1) 望月洋介編：『スマートセンシング』，日経 BP 社（2013）
(2) 畠基成 他：無線センサネットワークを用いたバスロケーションシステムの開発，マルチメディア，分散，協調とモバイルシンポジウム 2013 論文集，pp.904-910（2013）
(3) 環境省 WEB ページ，エコポイントの活用によるグリーン家電普及促進事業の実施について：

　　　　http://www.env.go.jp/policy/ep_kaden/index.html
(4) 斉藤正博：表面実装対応焦電型赤外線センサ，NEC 技報，Vol.65, No.1, pp.92-96（2012）
(5) 島田義人，人体検知器の製作：『トランジスタ技術 2003 年 12 月号』，CQ 出版（2003）
(6) 鹿島建設㈱プレスリリース，KI ビルの ZEB 化改修実証実験・省エネ率 50％を達成：
http://www.kajima.co.jp/news/press/201305/1a1-j.htm（2013）
(7) 画像／色／明るさを検出するセンサ：『トランジスタ技術 2007 年 7 月号』，CQ 出版（2007）
(8) 温度／湿度／気圧を測定するセンサ：『トランジスタ技術 2007 年 7 月号』，CQ 出版（2007）
(9) 小林昇，小林正博，上村茂弘：小型温冷感センサーの開発，第 11 回人間－熱環境系シンポジウム報告集，pp.66-69（1987）
(10) 非接触で物体の接近や距離を検出するセンサ：『トランジスタ技術 2007 年 7 月号』，CQ 出版（2007）
(11) 吉田智章，PSD 距離センサからのデータを解釈するための方法：『Interface 2006 年 10 月号』，CQ 出版（2006）
(12) 松井克之：照度センサー 一体型近接センサ，シャープ技報，No.101, pp.34-37（2010）
(13) IHS ニュースリリース，Growth in Smart Connected Home Appliance Market Expected to Accelerate from 2015 Onward, IHS Says：
http://press.ihs.com/press-release/technology/growth-smart-connected-home-appliance-market-expected-accelerate-2015-onwar（2015）
(14) 江坂直紀，安次富大介：スマート家電の遠隔制御技術，東芝レビュー，Vol.70, No.6（2016）
(15) 経済産業省：電気用品の技術上の基準を定める省令の解釈の一部改正について，20130424 商局第 1 号（2013）
(16) IFTTT Inc. WEB ページ：https://ifttt.com/
(17) netatmo WEB ページ：https://www.netatmo.com/
(18) パナソニック㈱：「おやすみナビ」（2014）
(19) 特許　第 5237845 号　空調制御装置（2013）
(20) PressureNet WEB ページ：http://www.pressurenet.io/
(21) 岩波慶一朗　他：スマートフォン搭載気圧センサを用いた移動経路推定手法における気圧センサ値の評価と補正手法の検討，マルチメディア，分散協調とモバイルシンポジウム 2014 論文集，pp.1620-1626（2014）
(22) 熊田辰已，一志好則：IR（赤外線）センサを用いた車両用オート A/C 制御，デンソーテクニカルレビュー，Vol.9, No.2, pp.30-33（2004）
(23) 山本憲昭　他：エアコンの省エネ要素技術開発，Panasonic Technical Journal, Vol.56, No.2, pp.33-38（2010）
(24) 片岡拓也，熊田辰已：マトリクス IR センサシステムの開発，デンソーテクニカルレビュー，Vol.15, No.2, pp.37-44（2010）
(25) 特開　2016-3792　空調制御システム及び温冷感評価装置（2016）
(26) 式井愼一　他：冬季における熱的快適性に関する研究　その 2：サーモグラフィを用いた温冷感推定，人間－生活環境系シンポジウム報告集 38, pp.281-284（2014）
(27) 特許　第 5650873 号　冷蔵庫のログ情報を利用するデータ提供方法（2015）
(28) 妹尾敏弘，三木一浩，阪本実雄：掃除ロボットが持つ課題と将来，日本ロボット学会誌，

Vol.32, No.3, pp.214-217 (2014)
(29) iRobot Create 2 Open Interface Specification based on the iRobot Roomba 600：http://www.irobotweb.com/~/media/MainSite/PDFs/About/STEM/Create/iRobot_Roomba_600_Open_Interface_Spec.pdf (2015)
(30) 福田拓人　他：ロボット掃除機ルンバによる蛍光灯位置情報を利用した地図作成と自己位置推定（移動ロボットの自己位置推定と地図構築），ロボティクス・メカトロニクス講演会講演概要集 2014，2A2-R01 (2014)
(31) 岩船由美子：これからのHEMS，電気学会誌，Vol.133，No.12，pp.809-812 (2013)
(32) 一色正男：スマートハウスの現状，照明学会誌，Vol.99，No.10，pp.547-548 (2015)
(33) インプレス SmartGrid ニューズレター編集部編：『920IP（ZigBee IP）と Wi-SUN 標準 2015［具体化する M2M/ スマートグリッドへの展開］』，インプレス (2014)
(34) 情報通信技術委員会，TTC 技術レポート　TR-1044　HEMS 等に向けた伝送技術の概説：http://www.ttc.or.jp/jp/document_list/pdf/j/TR/TR-1044v1.pdf (2012)
(35) 富士経済 WEB ページ　マーケット情報　HEMS・MEMS の国内市場を調査：https://www.fuji-keizai.co.jp/market/15016.html (2015)
(36) 大西雅人，寺本圭一：HEMS の標準インタフェースについて，照明学会誌，Vol.99，No.10，pp.554-557 (2015)
(37) 奥瀬俊哉，スマートハウスとそれを構成する最新技術の動向：『インターネット白書 2012』，impress R&D，インターネット白書 ARCHIVES，http://iwparchives.jp/files/pdf/iwp2012/iwp2012-ch05-02-p208.pdf (2012)
(38) 経済産業省　スマートメーター制度検討会　報告書：http://www.meti.go.jp/committee/summary/0004668/report_001_01_00.pdf (2011)
(39) 神田充：スマートメーターの普及動向と今後の展開　～スマートメーター通信システム・通信方式・試験/検証・連携～，電子情報通信学会技術研究報告，Vol.115，No.275，SRW2015-57，pp.37-42 (2015)
(40) 経済産業省　スマートメーター制度検討会（第 15 回）配布資料，スマートメーターの導入促進に伴う課題と対応について：http://www.meti.go.jp/committee/summary/0004668/pdf/015_03_00.pdf (2014)
(41) 斉藤健：安心・安全・快適な社会（ヒューマン・スマート・コミュニティ）の実現に向けて　～スマートコミュニティ/スマートメーター/B ルート・HEMS の観点から～，電子情報通信学会技術研究報告，Vol.115，No.95，1N2015-22，pp.83-88 (2015)
(42) JAPAN SMART CITY PORTAL WEB ページ：http://jscp.nepc.or.jp/
(43) 森本康司，太田正明：オフィスにおける照明設備の省エネ制御，東芝レビュー，Vol.59，No.10，pp.22-26 (2004)
(44) 日立ビルシステム WEB ページ　ニュースリリース，クラウド型ビルファシリティマネジメントソリューション「BIVALE」に天気予報データと連動しエアコンを自動運転する「エアコンおまかせ省エネサービス」を追加：http://www.hitachi.co.jp/New/cnews/month/2012/11/1113.html (2012)
(45) 小柳秀光，崔錦丹：ニューラルネットワークを使用した時刻別電力・冷暖房負荷予測手法における予測精度向上を目的とした学習期間決定手法の提案と検証，日本建築学会環境系

論文集，Vol. 79，No. 706，pp.1049-1059（2014）
(46) 電子情報技術産業協会　IT 活用による省エネ効果に関する調査研究報告書　～ビル，店舗への BEMS 導入による省エネ効果～：
http://home.jeita.or.jp/greenit-pc/bems/pdf/bems2.pdf（2015）
(47) 百田真史：大学キャンパスにおけるセキュリティシステムと BEMS の協調による省エネルギー化，電気設備学会誌，Vol.35，No.10，pp.716-719（2015）
(48) 渡辺聡　他：東京電機大学東京千住キャンパスの省 CO_2 実現に向けた取組　その4　エネルギー消費構造を詳細に解析するためのエネルギーマネジメントツール，平成24年空気調和・衛生工学会　学術講演会論文集，pp.1631-1634（2012）
(49) 松元隆志　他：東京電機大学東京千住キャンパスの省 CO_2 実現に向けた取組　その9　教室の温熱環境と空調実体，平成25年空気調和・衛生工学会　学術講演会論文集，pp.493-496（2013）
(50) 東京電機大学 WEB ページ　東京電機大学　東京千住キャンパス省 CO_2 キャンパスの取り組み：http://top.dendai.ac.jp/bems/index.html
(51) TSC21 WEB ページ：http://www.serl.co.jp/tsc21/

3.3 スマートセンシングのためのエネルギーハーベスティング

安藤　毅*

3.3.1　スマートセンシングの電源問題

　トリリオンセンサという言葉が生み出されるほどに社会にセンサがあふれる時代となり，これまでに紹介してきたように様々な面でセンサの用途が様変わりしてきた。しかし，センサを利用するために電源が必要であるという事実は変わらないままである。現在使われているほとんどのセンサは，電気，電子的な動作原理であり，検知，計測などの動作に電源を必要とする。また，測定した情報を通信，表示，記録するなどの処理にも電源が必要である。センサシステムの電源確保の方法は大きく，有線で配線する方法，センサシステムがその場で発電する方法の2つに分けることが出来る。有線での電源配線は配線の手間がかかることが問題であり，センサが多数かつ広い範囲に存在するほどに，利用が困難になってゆく。バッテリーを搭載してセンサの電源確保を行う例もないわけではないが，バッテリーのコストとそれの定期交換コストを考えると，長期間常設されるセンサにおいては有線配線に軍配が上がることが多い。

　センサシステムがその場で発電するためには，主に太陽光発電が用いられる。この場合では通信用の配線を行うメリットが無いため，情報通信手段は必然的に無線となる。太陽電池パネルの導入にはやゃコストがかかるものの，有線の配線コストやバッテリーの交換コストと比較して優位に立てる場面が多く，現在では様々な場面で利用されている。一方で，安定して入射光が得られるところ以外では利用困難であるという欠点を併せ持つ。そのため，補助バッテリーが併用されることも多く，また，センシングや通信の低消費電力化などは切り離すことの出来ない問題である[1]。

3.3.2　エネルギーハーベスティングの実用事例

　前項で挙げた太陽光発電はエネルギーハーベスティング技術（環境発電技術）の一種で，環境中に存在する，そのままでは何の寄与もないエネルギーを変換し，主に電気エネルギーとして利用するものである[1]〜[4]。また，何かを動作させるためのエネルギーを分けてもらうもの，動作の際に余ったエネルギーを利用するものも存在する。社会にセンサが増えて電源問題が取り上げられる中で，また，社会が省電力志向となるにつれて，耳にすることが増えて来た言葉である。しかし，エネルギーハーベスティングは新しい技術のみで構成されるものではなく，古くから活用されてきた例が数多くある。例えば，先の例で挙げた太陽光発電は電卓などで使われてきたし，ゲルマニウムラジオや自転車のライトなども分かりやすい例である。

　電気エネルギーに変換する技術としては，運動エネルギーをコイルで電気エネルギーに変換する古典的な例をはじめとして，太陽電池に代表される光発電，ゼーベック効果を利用した温度差発電，圧電素子を利用した振動エネルギーによる発電，放送や通信のための電波から電磁波エネ

---

　　*　Ki Ando　東京電機大学　工学部　電気電子工学科　助教

第 3 章　環境に関わるフィジカルセンシング

ルギーを整流して取り出すレクテナ（rectifying antenna）などがある[5]〜[9]。近年では，動植物の体内にある体液や組織液を電解液として利用することや，水中や土壌中に存在する菌が有機物を分解する過程で放出する電子を利用し，化学エネルギーを電気エネルギーに変換する試みもなされている[10]〜[12]。どれも一般的に発電量は微量であり，エネルギーハーベスティングによって得られたエネルギーは，電卓，時計，小型のセンサや近距離無線通信などの消費電力の小さい機器に用いる。大きなエネルギーを取り出そうとすると，東京駅の発電床や首都高速五色桜大橋の例のように，発電素子をアレイ化して使うなどの工夫が必要である[13]〜[15]。また，多くの発電手法や用途で，発電した微量な電力を一時的に蓄えるため，バッテリーと併用して利用する必要がある。一方で，スマートフォンやスマートウォッチなどのモバイルデバイスや，屋外で利用するセンサユニットにおいて，エネルギーハーベスティングによる発電だけでは動作できないが，バッテリーが延命できればよい，といった目的で利用が検討される例もある[16], [17]。

3.3.3　スマートセンシングとエネルギーハーベスティングの今後

　エネルギーハーベスティングを利用すれば，センサシステムの電力を現地調達することが可能となるため，数多くのセンサを環境中に配置するスマートセンシングにおいて非常に有効な電源供給方法となる。そのため，エネルギーハーベスティングとセンサシステムを組み合わせ，電源供給やメンテナンスが容易ではない場所での用途が様々に提案されている。例えば，振動発電を利用した橋梁構造物の劣化診断，樹木内の組織液を電解液として発電し山林の気象や火災を監視するセンサなどがある[18], [19]。また，例は少ないものの福祉分野の利用を目的として，体の動きや体温を利用して発電し生体情報をセンシングするシステムも考案されている。興味深い例では，眼球の動きより発電する MEMS 圧電発電素子が開発されており，涙から血糖値を評価するコンタクトレンズ型生体センサへの応用などが期待されている[20]。一方で，数多くのエネルギーハーベスティング技術が開発される中においても，万能なエネルギーハーベスティング技術というものはなく，測定対象や測定環境によって利用できるエネルギー源が異なるため，システムの目的に沿った発電技術の採用や開発が重要となる。加えて，実用においてはいずれのシステムにおいても発電量の小ささと発電の安定性は大きな問題となっており，現段階では，太陽光発電と低電力な短距離無線が組み合わされた環境センサが主流で，次いで振動や温度差を用いたものとなっている。

　エネルギーハーベスティングを利用したセンサシステムの実用化には，発電性能の向上はもちろんのこと，センシング，情報処理，通信，それぞれの段階での低消費電力化が非常に大きな役割を果たしてきており，それは今後も変わらず重要である。センサは IC 化，MEMS 化がすすめられ，より省電力に，また動作に電源を必要としない形での仕組みが様々に検討されている。情報処理，通信の段階では，ほとんどの場合において，情報処理能力の限界速度でセンサの測定値をサンプリングし送信する必要はない。例えば，環境の測定であれば 1 分に 1 回，建築構造物の劣化診断であれば 1 日に 1 回のサンプリングでよい[21]。そのため，システムを常に動作してい

る状態にしておくと，無駄な電力を消費することになる．そこで，間欠的にシステムをスリープ状態にしたり，センサによる事象の検知をトリガ信号としてスリープから復帰させたりするなどしてシステムの動作を間引き，省電力化を行う仕組みが検討されている[22]〜[24]．また，無線通信においては，消費電力は動作時間に比例するため，片方向で到達の確認を行わない通信方式を採用したり，さらには通信のプリアンブル文やチェックサムを省略して通信量を削減する工夫が必要である[25]．また，消費電力は無線通信距離の2乗に比例して増加するため，低消費電力な短距離無線通信をいっそう活用し，スマートメータのようにマルチホップ通信を活用した細かいメッシュネットワークを構築することによって，通信電力を抑えることが重要となってくる[26]．

さらに近年では，発電，センサ，通信をひとつの機能要素として考え，検知したい事象によって発電が起こり，その電力を利用して通信し，制御側に事象の発生を伝送する，といったセンサシステムが様々に考案されている．例え発電量がわずかであっても，センサIDのみ送信することができれば，受信側は事象の発生を知ることが出来るし，時刻は受信側で付加することによってすればよい．また，発電が継続して起こり一定の電力が蓄積されると送信を行う仕組みにすれば，受信側は送信の頻度から事象の大きさや測定値を逆算できる．このアイデアを利用したバッテリーレスの無線センサシステムは数多く提案されており，一次線からの誘導起電力を利用して情報を無線送信するトランス型電流センサや，尿発電によるおむつ用尿漏れセンサなどは，発電の機会がセンシング事象と一致しており分かりやすく実用的な例であろう[27],[28]．また，エネルギーハーベスティング技術を用いたバッテリーレス無線発信技術を開発する企業のひとつにEnOceanがある．EnOceanの主体はやはり太陽光発電を利用したセンサユニットだが，特徴的なシステムとして，スイッチを押す動作で発電しスイッチが操作されたという情報そのものを無線送信するものがある[29],[30]．これらの発電技術自体は古くから存在するが，その応用アイデアこそがアプリケーションの肝である．これらのセンサシステムの応用範囲は広くないものの，今後のスマートセンシング社会を支えるためには，このような目的特化のシステムにより着目してゆく必要があるだろう．

参考文献

(1) 新化学発展協会　委託調査報告書，エネルギーハーベストおよびマイクロバッテリーの研究開発動向と応用：
http://ringring-keirin.jp/seikabutu/seika/21nx_/bhu_/zp_/21-8koho-04.pdf (2010)
(2) 桑野博喜：マイクロエネルギーハーベスティング―イノベーションを目指して―，電気学会論文誌E，Vol.133, No.9, p.229 (2013)
(3) 望月洋介編：『スマートセンシング』，日経BP社（2013）
(4) 『計測技術　2011年5月号　特集：エネルギーハーベスティング技術』，日本工業出版

(2011)
(5) 佐々木実：太陽電池とMEMS技術，電気学会論文誌E，Vol.133，No.9，pp.230-236（2013）
(6) 宮崎康次：マイクロ熱発電技術，電気学会論文誌E，Vol.133，No.9，pp.237-241（2013）
(7) 佐々木実：太陽電池とMEMS技術，電気学会論文誌E，Vol.133，No.9，pp.230-236（2013）
(8) 桑野博喜：マイクロ振動発電，電気学会論文誌E，Vol.133，No.9，pp.248-252（2013）
(9) 川原圭博，塚田恵佑，浅見徹：放送通信用電波からのエネルギーハーベストに関する定量調査，情報処理学会論文誌，Vol.51，No.3，pp.824-834（2010）
(10) 三宅丈雄，西澤松彦：酵素を使ったバイオ発電の最新動向，電気学会論文誌E，Vol.133，No.9，pp.242-247（2013）
(11) Ami Tanaka, Fumiyasu Utsunomiya, Takakuni Douseki：Wireless Self-powered Sensor System with Sap-activated Battery for Plant Health Monitoring, IEEJ Transactions on Sensors and Micromachines, Vol. 134, No. 3 pp.52-57（2014）
(12) 荒川貴博：田んぼで発電？，電気学会誌，Vol.136，No.3，pp.132-135（2016）
(13) JR東日本「床発電システム」の実証実験について：
http://www.jreast.co.jp/development/theme/pdf/yukahatsuden.pdf（2008）
(14) 武藤佳恭，山本浩之：床発電から温度差発電，電子情報通信学会論文誌B，Vol.J96-B，No.12，pp.1316-1321（2013）
(15) 加藤勇太，木嶋龍吉，梅本恭平，加藤宙光：暮らしの振動でエコします－振動力発電－，電気学会誌，Vol.131，No.9，pp.626-629（2011）
(16) Nikila Labs, RF harvesting：http://www.nikola.tech/rf-harvesting/
(17) EETimes Japan 電池レス無線センサー端末のためのエネルギーハーベスティング設計入門：http://eetimes.jp/ee/articles/1407/09/news002.html（2014）
(18) 吉田善紀，小林裕介，内村太郎：鋼鉄道橋の振動発電を利用したモニタリングシステムの開発，土木学会論文集A1（構造・地震工学），Vol.70，No.2，pp.282-294（2014）
(19) MIT News, Preventing forest fires with tree power：http://news.mit.edu/2008/trees-0923（2008）
(20) Design News, Company Designs MEMS-Based Energy Harvester for Contact Lenses：http://www.designnews.com/author.asp?section_id=1386&doc_id=266466（2013）
(21) 日経テクノロジーonline センシングデータビジネス最前線，センサーをばらまいても通信する電力が足りない：
http://techon.nikkeibp.co.jp/article/COLUMN/20150408/413229/（2015）
(22) Hidetoshi Takahashi et. al：A smart, intermittent driven particle sensor with an airflow change trigger using a lead zirconate titanate（PZT）cantilever, Measurement Science and Technology, Vol.25, No.2（2014）
(23) 道関隆国：マイクロ環境発電のワイヤレスセンサへの応用，電子情報通信学会技術研究報告，Vol.114，No.177，SRW2014-16，pp.1-6（2014）
(24) 松本裕貴 他：低消費電力心拍抽出ディジタルASIC，第30回センサ・マイクロマシンと応用システムシンポジウム講演予稿集，5PM1-B-1（2013）
(25) 岡田浩尚，伊藤寿浩：センサネットワーク用低消費電力無線通信の開発，第31回センサ・マイクロマシンと応用システムシンポジウム講演予稿集，21pm2-G2（2014）

(26) 高博昭，上原秀幸，大平孝：センサネットワークの省電力化に関するトポロジー的考察，電子情報通信学会論文誌 B，Vol.J96-B，No.7，pp.680-689 (2013)

(27) Hironao Okada, Toshihiro Itoh：Development of battery-less wireless current sensor node used in power distribution panel, 2015 Symposium on Design Test Integration and Packaging of MEMS/MOEMS (2015)

(28) 道関隆国：尿発電センサーシステムのためのエネルギーハーベスティング技術，電子情報通信学会技術研究報告，Vol.112，No.11，RCS2012-10，pp.55-59 (2012)

(29) EnOceanWEB ページ：https://www.enocean.com/jp/

(30) ROHM ニュースリリース，電源，配線，メンテナンス不要の EnOcean スイッチを奈良・當麻寺に導入：
http://www.rohm.co.jp/web/japan/news-detail?news-title=2014-02-07_2_news&defaultGroupId=false (2014)

3.4 ビッグデータを用いたスマートセンシング

南戸秀仁[*]

3.4.1 トリリオンセンサ社会におけるスマートセンシング

　近年，農業，医療，ヘルスケア，建設，ビークル，エネルギー分野など，これまでエレクトロニクス化が顕著に進んでいなかった分野でセンサとその利用技術を生かす動きが活発化してきている。2013年には，アメリカでTrillion Sensors（TSensors™）プロジェクトがスタート，年間1兆個のセンサを使用する社会すなわち「Trillion Sensors Universe」を目指した取り組みが始まっている。

　従来，センサは単独の機器やシステムの動作を制御するために使うことが多かった。例えば，センサを用いて，食品の「温度」をモニタリングしながら自動調理する電子レンジおよび種々の工作機械や製造装置を自動制御するファクトリーオートメーション（Factory Automation：略してFA）などがその例である。近年，このようなセンサの利用法が，以下に示すような二つの大きな流れとなって進化してきている。

1) センサから得られるデータを分析・解釈する技術を高度化する流れ

　センサ技術にマイクロプロセッサーやプログラマブルロジックデバイス技術およびデジタル信号技術等を組み合わせることで，センサ技術の高度化を図り新しい用途を創出しようとする流れ。応用分野の例としては，医療分野における非接触・非侵襲検査による生体情報等の常時収集技術への応用や自動ブレーキを備えた自動車の自動運転技術分野への応用などが挙げられる。

2) トリリオンセンサを用いて収集したビッグデータを統合して役立つ情報を抽出する流れ

　多数のセンサと無線等のネットワーク技術やビッグデータを活用する情報処理技術を組み合わせることで，取得したビッグデータを解析・統合することでトリリオンセンサの新しい用途を創造しようとする流れ。応用例としては，建築物のヘルスモニタリング，農作物の生育具合のモニタリング，家畜を管理するためのモニタリングおよびエネルギーのモニタリング等があり，現在，それらの試みが精力的に行われている。

　以上のようなセンサの利用法の新しい流れの進展によって，今や，センサ技術は高度な社会インフラを構築するための「ソーシャルデバイス（Social Device）」となりつつあり，特に，トリリオンセンサを使って種々の量をモニタリングし，それらのデータを収集・統合・解析することで「社会活動の質の向上」に役立つ情報を抽出し利用していこうとする展開は，まさにトリリオンセンサ社会におけるスマートセンシング技術そのものであると考えられる。

3.4.2 トリリオンセンサを用いたスマートセンシング技術の応用分野

　上にも述べたように，毎年一兆個（1トリリオン）ほどのセンサを活用する「トリリオンセンサ社会」をこの10年以内に実現しようとする動きが活発化してきており，医療分野，ヘルスケ

＊　Hidehito Nanto　金沢工業大学　大学院高信頼ものづくり専攻　教授

ア分野，自動車分野，流通・物流分野，土木・建築分野，農業分野，社会インフラ分野等などでの取り組みがはじまっている[1]。ここでは，医療分野，自動車分野，土木・建築分野等における具体的な応用例を示しながら，その技術の進展について概観する。表3.4.1には，上記分野におけるスマートセンシング技術と見込まれる成果を示す。また具体的な内容については以下のようである。

1) 医療・ヘルスケア分野への応用

これまでパソコンやスマートフォン等の民生機器を主な事業領域としてきた半導体・電子部品メーカーは，その分野で蓄積してきた低コストで高信頼性を有するコンピューター技術やMEMS技術等を基盤として，非民生機器分野へ参入をしてきている。特に，半導体産業において最も一般的で重要な半導体材料であるシリコンとは異なる材料（例えば化合物半導体）を使って，人体はもちろんのこと化学や光学等とも相性の良い半導体を用いて，医療やバイオなどのセンサ開発や長期間にわたって安定な稼働が可能な低消費電力モニタリング用のセンサの開発を開始している。その成果として，近赤外LEDとCIGS（$Cu(In_{0.8}Ga_{0.2})Se_2$）化合物半導体薄膜撮像素子を組み合わせた「生体の認証が可能でかつ人体を可視化したり，血管を鮮明に写すことができるイメージセンサ」[2]，紫外光，可視光，赤外光の各領域の光に応答するセンサ素子を1チップ上に集積化したヘルスケアシステム「パナリスト」[3]，ヘモグロビンによる緑色光の吸収の具合から「ストレスのレベルや血管の劣化等が測れるバイオセンサが実現されている。

2) 自動車分野への応用

欧州における新型車の安全評価の基準である「EuroNCAP（Europian New Car Assessment Programme）」は，2014年から評価項目として，自動ブレーキと車線逸脱警報を盛り込み，2016

表3.4.1 トリリオンセンサを用いたスマートセンシング技術の応用分野

応用分野	技術	期待される成果
医療・ヘルスケア分野	化合物半導体を用いた新しい医療・バイオセンサ技術	・生体認証が可能で，血管等を鮮明に写しだすイメージセンサ ・1チップに集積化したヘルスケアモニタリングセンサシステム ・ストレスのレベルや血管の劣化等が測れるバイオセンサ
ビークル分野	先進運転支援システム技術	・カメラとレーダーを組み合わせた障害物検知センサシステム ・複数の認識センサとセンサフュージョン技術を組み合わせた自動運転用センサシステム
土木・建築分野	位置ずれモニタリング技術・二次元放射線イメージセンサ技術	・震災時に橋梁等に加わる「力」を計測するセンサシステム ・二次元放射線センサを用いた土木・建築物の非破壊検査用システム
農業分野	生産性向上のためのICT技術	・トリリオンセンサとビッグデータ解析技術を組み合わせた農産物の育成工程管理システム ・農産物の品質管理システム
エネルギー分野	センサ・無線・制御を組み合わせた技術	・ビルのエネルギー管理用システム

年から歩行者検知を含んだ自動ブレーキを加える方針を固めている。そのような背景のもと,「ぶつからない車」に搭載される先進運転支援システム（Advanced Driving Assistant System：略してADAS）[4]の開発が活発化してきている。それには，カメラとミリ波レーダーを組み合わせた障害物検知センサ，複数の認識センサとセンサフュージョン（Sensor Fusion）技術を組み合わせた自動運転用センサシステムなどの多様なセンサ技術を融合させたADASの実現が不可欠であり，実現のための研究開発が推進されている。

3) 土木・建築分野への応用

最近,「トンネルの天壁や道路の崩落事故や建物の倒壊事故」などが多発しており，センサ技術を使った土木・建築物の安価で高い信頼性を持つヘルスモニタリング技術の実現が強く望まれている。そのような背景のもと，センサ技術を駆使したインフラ保全の取り組みが試みられるようになってきている。例えば，震災時に橋梁に加わる「力」や橋を構成する色々なパーツの位置変化をモニタリングするセンサ技術（光ファイバを使った加速度センサによる位置ずれ検知）や放射線二次元イメージセンサを用いた土木・建築物の非破壊検査システムの開発が行われている。また，ビルの電力を制御してエネルギー効率を上げる「ビルエネルギー管理システム（Building Energy Management System：略してBEMS）の開発[5]も活発化しており，特に小規模ビルにも導入が可能な管理システム（様々なセンサ，ZigBee等の無線技術，コントローラ技術，等を組み合わせたシステム）の開発が注目を浴びている。

3.4.3　ビッグデータとIoT, IoE技術

IoT（Internet of Things）とは，パソコンやスマートフォンといったIT機器以外の「モノ」もインターネットによって接続しているネットワークのこと。最近のテレビやゲーム機などのデジタル機器は，すでにインターネットを通じて通信ができ，近いうちに，いろいろな家電製品やそこに使われているセンサ・部品もインターネットに接続が可能となる。また，IoE（Internet of Everythings）とは,「モノとモノ」あるいは「モノとコンピューター」の間で通信するシステムのことで，インターネットを用いない通信形態のことである。特に，IoT技術を用いることにより,「モノ」に関するデータが新たにインターネット上に存在するようになることで，①通信需要と演算処理の受容が高まること，②つながる「モノ」の数が現在使われているスマートフォンの台数よりも多くなること，③ビッグデータ解析の精度を高める可能性があることおよび④「モノ」に関するデータあるいは解析を使った新しいサービスが生まれる可能性があることなど，社会に与えるインパクトは多大と言えよう。

3.4.4　トリリオンセンサによるエネルギーハーベスティング技術

エネルギーハーベスティング（Energy Harvesting）は，環境からエネルギー源を探し，そこで電力を発生させて利用しようという取り組みで，様々な場所で充電できるという利点がある。エネルギーハーベスティングの代表的なシステムは，①エネルギー源を検出して電力を発生さ

せ，②収獲した電力を電源回路で変換してコンデンサーや二次電池に蓄える。そして，③蓄積された電力を使って制御用マイコンやセンサを起動して，④センサで取得した情報を無線送受信によって外部に伝達するという要素を備えたものである。このようなシステムの導入により，色々なアプリケーションが増え，新しいビジネスが生まれる可能性が増えると考えられる。

具体的な例として，無線通信ネットワーク分野への応用の試みがある。このようなシステムを用いることで，センサが取得したデータを1時間に数回といった低頻度で送信すればよくなるため，消費電力が小さく，発電量がわずかなシステムでも対応が可能となり，結果として「電池レス」で無線通信ができるようになる。また，山林などの適当な地点に温度センサを設置し，それらをセンサネットワークで結ぶことにより，例えば，山火事を検知して，被害を最小限に抑えることも可能となる。さらに，最近，エネルギーハーベスティング分野で注目されているのが，「構造物などのヘルスモニタリング」である。ビルや橋梁等の構造体に様々なセンサを取りつけて，その状態を観察することで，構造体の寿命の判断が可能となる。その結果，ビルや橋梁の管理に必要な経費の低減化が可能となる。また，モーターやエンジン等の自動車分野においても，自動車を構成する各部品の状態を検知するセンサ（現在は多数のワイヤハーネスより接続されている）をエンジンやモーターの熱や振動といったエネルギーを活用することで「配線レス」のセンサが実現でき，ワイヤーハーネスレスな自動車の実現も夢ではない。エネルギーハーベスティング技術は，「ライフレコーダ」にも応用が可能であり，家畜や野生動物に取りつければ，位置情報の他に体温や心拍数等の情報も取得でき，さらに，電源として動物の体温エネルギーを使うことで，電池交換が不要なセンシングシステムが構築できることとなる。

3.4.5　赤外線画像によるトリリオンセンシング技術

従来から使われている「サーモグラフィ」等の赤外線センシング技術を用いて，いろいろな波長の赤外線（遠赤外線，中赤外線，近赤外線など）を利用することで，①食肉の病原菌が感染した部位の判別，②同じ色で同じ形状の錠剤の判別，③ガン細胞や静脈の位置の体外からの特定，④介護，見守り向けの人体検知，⑤運転手の呼気等から出るアルコールの検知，⑥車載用の暗視システム，⑦ガス漏れ検知および⑧建物や構造物の外壁に破壊の恐れがあるかどうかの診断等に応用する試みがなされている。二次元あるいは三次元の画像を用いたセンシング技術は，一種のトリリオンセンシングとみなすことができ，今後，画像を用いたスマートセンシング技術もますます重要となると思われる。

3.4.6　トリリオンセンサとネットワークによる家電制御技術

スマートメータ（通信機器等の管理機能を持つ高性能型電力メータを含んだシステム）を介して電力会社と家庭をネットワークで結ぶことにより，エアコン，照明や，温度計等のセンサおよびセキュリティ機器などの家庭や事業所内の設備と接続し，機器の稼働状況を管理する。このようなネットワークシステムを導入することにより，家庭内にある機器のエネルギー利用量の管理

第3章　環境に関わるフィジカルセンシング

を行うとともに，家庭内のエネルギーの見える化を行うことで，省エネ対策に活用する試みが行われている。

3.4.7　様々なセンサと処理回路を集積化した MEMS 技術によるトリリオンセンシング技術

半導体の微細加工技術（Micro Electro Mechanical Systems あるいは Nano Electro Mechanical Systems：略して MEMS あるいは NEMS）を駆使して作製した集積化センサ（センサと取りこんだ信号を処理する電子回路を1チップ化したデバイス）を用いることで，トリリオンセンシングが実現できる。センサと処理回路の1チップ化により，センサシステムの小型・軽量化だけでなく，両者をつなぐ配線の短縮によるノイズの低減が可能となる。また，特性の異なる複数個のセンサとセンサフュージョン技術を組み合わせることで，検出対象を拡大させることが可能となる。さらに，CMOS（Complementary Metal Oxide Semiconductor）センサを用いることで，消費電力が小さくて小型化に適した画像データの取得が可能な撮像素子が実現できる。

3.4.8　新ビジネス創生のためのトリリオンセンサ技術の最新動向

現在，世界で使われているセンサは，年間約100億個と言われている。1兆個（トリリオン）はその100倍であり，ネットワークで結ばれたトリリオンセンサが用いられるようになると，社会のあらゆる事象がデータ化され，それらを解析することで，エネルギー，医療，飢餓など，地球的規模での社会課題を解決に役立つシステムが構築できる。このようなシステムを構築することで，これまで以上に効率的で安全・安心な社会が生まれることとなる。

近年，米国シリコンバレー在住の Janust Bryzek 氏を中心に，トリリオンユニバースのロードマップ作成が始まっており，彼により，センサ群と無線ネットワーク，エネルギーハーベスティング・デバイス，IoT/IoE 技術等と組み合わせたシステムづくりのロードマップの提案がなされている[6]。このように大量のセンサを広範にばら撒いて色々な情報を取得するというコンセプトは，1990年代にアメリカで提唱された「スマートダスト（Smart Dust）」ネットワーク[7]としてすでに存在するが，トリリオンセンサ技術ではセンサの種類と数が膨大である点が異なるところである。

2013年に米国で「TSensors Summit」が開催されたのを機に，2014年には日本でも「Trillion Sensor Summit」が開催され，サミットでは普及が見込まれる多くの応用例の紹介があった。具体的には，①正確な服用を検出する「錠剤搭載センサ（飲むと胃酸との反応による化学エネルギーで電波を発信するもので，シリコン製のセンサは砂粒のように小さいため飲んだら排出される）」，②CMOS センサの表面に MEMS 技術を駆使して作製した回折格子を用いて，特定方向の光のみを計測し，その際発生する歪を信号処理で補正することで顔認証をする「IC カードに実装されたセンサ」，③身体に貼れる「シート状生体センサ」などの紹介があり，その実現に向けた研究がスタートしている。

3.4.9 課題と展望

トリリオンセンサを用い，得られたビッグデータから必要な情報を引き出すことで，我々の都市生活を豊かにするこの試みは，今後，大変重要な技術となるとともに，我々の生活に密着した形で浸透していくものと思われる．しかし，トリリオン個のセンサを使うためには，まずは，小型，安価でしかもいろいろな環境の下での使用に対して劣化の少ないセンサを実現していけるかが今後のもっとも重要な課題となる．最近，印刷技術を駆使したセンサの構築を目指した研究が活発化しており，その発展の先には，必ずやトリリオンセンシング技術とビッグデータ解析技術を組み合わせたスマートセンシング技術が確立されていくものと思われる．

参考文献

(1) NEハンドブックシリーズ，センサーネットワーク，日経エレクトロニクス：http://rohmfs.rohm.com/jp/products/databook/catalog/common/handbook_sensor_networks-j.pdf, 日経BP社（2014）
(2) http://www.rohm.co.jp/documents/11546/200401/09-04-j.pdf
(3) https://www.ushio.co.jp/documents/technology/lightedge/lightedge_32/ushio_le32-06.pdf
(4) http://www.tij.co.jp/jp/lit/sl/jajy014/jajy014.pdf
(5) https://ja.wikipedia.org/wiki/BEMS
(6) J. Bryzek, R. Grace; Trillion Sensors Initiative , Commercial Micro Manufacturing International, Vol.7, No. 2, March（2014）
(7) 森戸貴，猿渡俊介，南正輝，森川博之，Smart Dustからの10年：無線ネットワークの展開，東京大学先端科学技術研究所　報告，No.2008002.

3.5 センシアブルシティ

南戸秀仁*

経済発展と環境対策の両立を図るべく「スマートシティ（Smart City）[1]」という視点での取り組みが活発化してきている。具体的には，各住宅の屋根に太陽電池を設置して発電し，生活に必要な電力を賄ったうえで，余剰電力は電気自動等の蓄電に使用などのいわゆる「スマートハウス（Smart House）」が誕生し，スマートハウス同士の連携のもと，お互いに電力を融通しあうことで，「スマートコミュニティ（Smart Community）」が創成できる。そのコミュニティで電力が余っていたら，電力消費量の多い都市群に環境負荷の軽いグリーン電力が送られるようになる。このように双方向の配電システムで電力系統のインテリジェント化を実現し，再生可能エネルギーを最大限に利用する社会が「スマートシティ」なのである。このように，自然エネルギーを最大限に取りこむことで経済発展と環境対策が同時に成り立つことになり，町はインテリジェント化されて快適な暮らしが実現できるのが「スマートシティ」構想である。

日本では，今後，10～20年をかけて新たなエネルギーシステムを構築し，2050年にはそのグランドデザインがしっかりと機能することを目指し，活動が始まっている。

一方，国際的には，IEEEにワーキンググループができ，いわゆる「Smart City」構想が発表されその実現に向かってのアプローチが行われている。さらに，近年，アメリカのMITでは，「センシアブルシティ（Senseable City）」ラボが開設され，トリリオンセンシングと同様，多くの多様なセンサ群，ハンドヘルドエレクトロニクス（Hand-held Electronics）とそれらセンサにより取得されるビッグデータを解析することで，Cityについての重要な情報を引き出すとともに，それらの情報を基に，Cityを含むスマートな環境をつくりだしていくというアプローチがなされるようになってきている。

3.5.1 スマートコミュニティ

地球温暖化，石油資源の枯渇，環境破壊の深刻化，自然災害や原発依存への不安，食やセキュリティの不安，高齢化社会の到来などを背景に，スマートコミュニティ構築への期待が高まってきている。スマートコミュニティは，情報通信技術（ICT）を活用しながら，再生可能エネルギーの導入を促進し，電力，水道，ガス，熱，交通などのエネルギーの最適利用，医療・生活情報の充実による高齢者の住みよいコミュニティの実現を目指して，あらゆるインフラの統合的な管理・最適制御を実現し，社会全体のスマート化を目指すものである。

スマートコミュニティを支える3つの基本技術は，①エネルギー基盤（エネルギーの生成・流通・供給）技術，②情報通信（クラウド，次世代インターネット，スマートフォン，センサネットワークおよびスマートメータ）技術および③電気自動車（Electric Vehicle: 略してEV）技術

---

* Hidehito Nanto　金沢工業大学　大学院高信頼ものづくり専攻　教授

である。そして，スマートコミュニティを支える技術としてICT基盤の安定性および頑健性の実現が最重要課題となる。スマートコミュニティを構築するための具体的な要素技術は，①地域における電力の需要・供給の全体統合管理システム（Community energy management system：略してCEMS），②スマートハウス・スマートビル，③先進的な交通システム，④エネルギー貯蔵システム，⑤サービスプラットフォーム・コンサルティングサービス，⑥スマートメータ技術である[2]。

3.5.2　センシアブルシティ（Senseable City）

　アメリカのMITでは，2004年に「Senseable City Laboratory」を設立し，デジタル技術が，都市規模で，どのように住民の暮らしなどに変化を与えるかを追求するための研究を推進している。すなわち，住民，技術および市の間のインターフェースを創造的に詳しく調べるもので[3]，具体的には，多くのセンサ端末から得られる「プレゼンス」情報を利用し，「リアルタイム都市」を目指して，いくつものプロジェクトを推進し，最終的には「プレゼンス情報」をエンターテイメント分野のみならず，市域や都市の運営に適用しようというものである。

　2006年に始まった「リアルタイム・ローマ（Real Time Rome）」プロジェクトでは，ローマを練り歩く人たちの携帯電話の通信データを分析して，人々の往来を示す地図を作成した。携帯電話の位置情報を一定間隔で地図に匿名表示することで，都市計画の政策担当者は街の動きをリアルタイムに把握することが可能となった。

　また，同研究所は，MITのキャンパス内にいる人の位置情報を捉え，ソーシャル・ネットワーキングとして利用する「アイファインド（iFIND）」プロジェクトを実施している。通常，キャンパスでは，学生，教員とも自分のデスクを離れた時間が多く，カフェやラウンジ，場合によっては木陰で本を読んでいるときもある。そんなときに，自分の探している人がどこにいるのかがリアルタイムで分かる「プレゼンス」情報が入手できれば，ミーティングの約束を取り付けるのに時間を無駄にすることもない。アイファインドは，Javaプラットフォームで作動するソフトウェアをダウンロードするだけで，Wi-Fiネットワークを利用して友達の居場所を探し，インスタント・メッセンジャー（IM）で直接会話をすることが可能となる。その結果，ユーザーは友達ごとに異なる小さなアバターを作成できることになり，友達にマウスを重ねると友達の名前とその場所の建物や部屋の名前がポップアップ表示されるようになる。

　また，センシアブル・シティ研究所は，更に研究テーマを拡張し，人の位置情報を一方的に捉えるだけでなく，その情報を生かして都市が反応する双方向型のウィキ・シティ（WikiCiti）プロジェクトを2007年から開始している。このプロジェクトでは，位置情報や時間情報を蓄積，交換できるプラットフォームを構築し，これらの情報を都市内の携帯端末やウェブサイト，信号や標識などにフィードバックすることで，都市システムの効率性をさらに向上させるものである。都市の中には，位置情報，時間情報だけでなく，天候情報，環境情報，交通情報など多くの「プレゼンス」情報があり，これらの膨大な情報をリアルタイムに蓄積，分析し，瞬時にその結

果を都市にフィードバックするには，まだ課題が多いが，次世代の都市運営には欠かせないテクノロジーとなると考えられる。

具体的には，①自動運転ビークルのためのセンシングシステム，②多くのシティの中でモービルフォンがどのように使われているか調べるためのネットワークセンシング，③ルーブル美術館における来館者がどのようなルートで見て回るか？重要な展示物は何か？そこにどれくらいの人が滞在するか？などをモニタリングするセンシングシステム，④コカコーラのディスペンサーの使われ具合のモニタリング，⑤交差点に入出する車の時間的変化のモニタリングなどを目的にしたセンシング技術をハードおよびソフト両面から検討し，最終的には都市そのものをいろいろな角度からセンシングして，必要な情報を引き出すという取り組みがなされている。

3.5.3　課題と展望

上述したように，いろいろな種類のしかも多量のセンサを用いることで，都市そのものをいろいろな角度からセンシングし，得られたビッグデータを解析することで，必要な情報を取得し，されに得られた情報をフィードバックすることで，未来の都市を構築しようというこの試みは，トリリオンセンシング技術と並行して発展することが期待できる。

参考文献

(1) http://www.mlit.go.jp/kokudokeikaku/iten/service/newsletter/i_02_71_1.html
(2) https://www.smart-japan.org/vcms_lf/library/JSCA_PR-magazine_web_single.pdf
(3) https://en.wikipedia.org/wiki/MIT_Senseable_City_Lab

3.6 農業のスマートセンシング

長谷川有貴*

　人間が食料として穀物，作物を植えて育て始めた紀元前8,500年頃から，10,000年以上もの歴史を持つ農業の世界は，農具，農業機械の導入，品種改良などを経て発展してきた。さらに，人口が増加し，食料生産のために農地が拡大され，広大な敷地で農業が営まれるようになっていったが，長い間，農業技術は，経験と勘によって支えられた言わば職人の技術であった。

　しかし，農業就業人口は減少傾向にあり，高齢化が進んでいることから，技術の維持，継承の難しさが課題となってきた。一方で，若者による農業就職希望や，それまで農業とは関係のない業種だった企業が，農業の事業化に乗り出すケースも多く，経験に頼らない農業のシステム化が望まれている。そのような中で重要視されているのが，スマートセンシングによる農業の管理，運用である。ここでは，近年世界各国でクラウドやIoTを利用した研究開発，実証実験，実用化が進められている農業のスマートセンシングについて紹介する。

3.6.1　農業におけるセンシング対象

　現在行われている農業技術は，主に4つの世代に分類される。まず第1世代と呼ばれるのが，環境制御を一切行わず，屋外で栽培を行う「露地栽培」である。そして，温度制御を行う「ハウス栽培」が第2世代，温度制御に加え養液の利用によって連作被害を防ぎ，周年栽培を可能とした「水耕栽培」が第3世代，さらに光の制御も行い最適環境を人工的に作り出して栽培する「植物工場（図3.6.1）」が第4世代の農法と呼ばれている[1]。

　農業技術の世代に関わらず，植物を育てる上で監視が必要な情報はさまざまあるが，まずは，

図3.6.1　植物工場での栽培例

＊　Yuki Hasegawa　埼玉大学　大学院理工学研究科　准教授

第 3 章　環境に関わるフィジカルセンシング

気温，湿度，風速，日照量などの気候に関わる情報が重要である。しかしこれまで，広大な面積で行われる露地栽培では，正確にデータを収集することはほとんど行われていなかった。しかし，土壌や気候の条件によって収穫量が左右され，収穫時期なども経験的に決める必要があるため，広大で肥沃な農地がありながら，経験的な技術を継承する人材がいないために耕作放棄地となった土地は，日本全国に約 386,000 ヘクタール（埼玉県の面積とほぼ同等）もあるといわれている。

　これらの土地を新たに，有効に利用し，農業に活かすためにも，センシング技術は重要な役割を担う。また，従来の温度，湿度，風速，照度を計測することはもちろん，現在開発されているさまざまなセンサを用いることで大気中の二酸化炭素濃度や土壌中の水分量や肥料濃度の測定も可能である。このような農業におけるセンシング技術は，「アグリセンシング」（agriculture（農業）+ sensing（センシング）の造語）とも呼ばれ[2]，ハウス栽培や水耕栽培においてももちろん有効である。

　植物工場に至っては，そもそも「工場」であるため，一定の品質を持つ野菜を安定して供給することが求められ，アグリセンシングあっての植物工場であると言える。

　植物工場には，太陽光を併用するものと完全に閉鎖された空間内で栽培を行うものがあるが，いずれにしても，さまざまなセンサによって空調，光源，養液などが徹底的に管理されており，半導体工場のクリーンルームのような空間で栽培されるため，無農薬で安全，安心，しかも機能性の高い作物を安定的に栽培可能であるというメリットがあるため，現在普及が進んでいる。

3.6.2　農業におけるスマートセンシング

　現在，センシング技術を用い，農業をデジタル化して管理するさまざまな取り組みが実用化されている。図 3.6.2 に示すプラントモニタには，気温，湿度，CO_2 濃度の他，培地水分，培地 EC などのセンサが搭載されており，スマートフォンやパソコンからリアルタイムで計測データを確認することができる。このように，これまで施設栽培などにおけるセンシング技術の開発や導入が進められてきたが，最近では，広大な敷地で行う露地栽培管理のためのセンシング技術の実用化が進められ，ドローンを使った例も増えている。例えば，カゴメ㈱と日本電気㈱（NEC）は，気温，湿度，風速，降雨量などを気象センサ，土壌センサによって計測したデータと，ドローンで撮影した画像データを組み合わせ，トマトの収穫量や収穫時期を予測したり，生育状況や気象条件に合わせて水や農薬散布を実施するなどの実証実験を行っている[4]。ドローンを使った画像センシングでは，鳥よけネットを設置している果樹園の設備管理や，台風などによる被害調査も行われている。

　また，㈱クボタは，国内の米農家向けの営農支援サービス「KSAS（KUBOTA Smart Agri System）」の提供を始めている[5]。KSAS では，トラクターやコンバインなどの農機にセンサを搭載し，農機の稼働状況や収穫量，さらにはうまみ成分の比率分析を行ってデータをクラウド上に集約し，その情報を分析することで，付加価値の高い米の生産性を高め，農業運営を支援している。

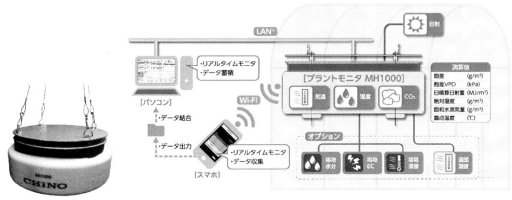

(a) MH1000 本体　　　　　　　　(b) プラントモニタの利用例

図 3.6.2　プラントモニタ　MH1000[3]（㈱チノー製）

　農業におけるセンシングは，栽培現場のみに留まらず，トマトやキュウリなどの農産物の出荷から店舗までの流通途中のデータを収集，分析することで鮮度維持技術の向上を目指したプロジェクトが，会津若松市，東京農業大学，イオンリテールの共同で実施される[6]など，今後ますます用途の拡大が見込まれる。

3.6.3　課題と展望

　経験と勘に支えられてきた農業が変わろうとしていることは間違いないが，農業従事者の中には，デジタル化に対応することが難しいと感じる世代もいるため，高機能なスマートセンシング機器のインターフェイスが，わかりやすく，操作性の高いものとなっていくことが望まれる。

　農業のスマートセンシング化には，ここでは紹介しきれないほどさまざまな業種の企業が乗り出しており，近い将来には，どこの農家も導入する当たり前の技術になるであろう。

参考文献

(1) 高辻正基，植物工場の基礎と実際，裳華房（2007）
(2) 長谷川有貴，植物工場におけるアグリセンシング技術の現状，電気学会研究会資料 CHS，ケミカルセンサ研究会，pp.13-16（2011）
(3) ㈱チノーホームページ　プラントモニタ MH1000 カタログ：
　　https://www.chino.co.jp/products/pdf/mh1000.pdf
(4) 日本電気㈱ホームページ　プレスリリース：
　　http://jpn.nec.com/press/201511/20151111_03.html

(5) ㈱クボタ「KSAS」ホームページ：https://ksas.kubota.co.jp/
(6) イオンリテール㈱　ニュースリリース：
　　http://www.aeon.info/news/2015_1/pdf/150529R_1A.pdf

3.7 スマートセンサを用いた放射線量モニタリング

南戸秀仁*

2011年3月11日に発生した東日本大震災に伴う福島原発事故により,原子炉のメルトダウンおよび周辺の放射能汚染が生じた。そして,現在,原子炉の廃炉作業を含む原子炉建屋の修復,発電所周辺の除染作業が推し進められているが,放射線は目に見えないため,現場の作業従事者の被ばく管理等を行うための施策がいろいろと検討されている。本節では,放射線量の情報を蓄積できかつ可視化できる新規な放射線イメージセンサシステムについて紹介する。

3.7.1 パッシブタイプ放射線センサ

Agをドープしたリン酸塩ガラスは,放射線照射後,紫外線を照射すると約560 nm(イエロー発光)と460 nm(ブルー発光)の波長に蛍光を発する。その蛍光強度は照射した放射線量に比例することから,現在,個人被ばく線量計として広く使われている。

放射線センサには,放射線量率や放射線のエネルギーをその場で計測する「アクティブタイプ」と放射線の情報をいったん蓄積し,あとで積算線量を呼び出す「パッシブタイプ」がある。本節では,後者のパッシブタイプの放射線量計すなわちドシメーター(Dosimeter)を用いたスマートセンシング技術[1]について概観する。

3.7.2 蛍光ガラス線量計におけるラジオフォトルミネッセンス

パッシブタイプドシメーターは,基本的には,熱刺激ルミネッセンス(Thermally Stimulated Luminescence:略してTSL),光刺激ルミネッセンス(Optically Stimulated Luminescence:略してOSL)およびラジオフォトルミネッセンス(Radiophotoluminescence:略してRPL)現象などの蛍光現象を利用したものが主流である[2]。いずれの現象も個人被ばく線量計として使われている。これらの現象の中で,Agドープリン酸塩ガラスのRPLは,放射線に対して優れた感度を示す。図3.7.1にX線照射したAgドープリン酸塩ガラスのRPLの励起(左)・発光(右)特性を示す。

ガラスはX線を照射すると,図3.7.1の左図の挿入図のように,ダーク色に着色する。そのような状態のガラスに約310 nmの波長の紫外線で励起をすると,右図に示すようにオレンジ色のRPL発光を示す。図から,RPLは,2つの発光成分すなわち波長約560 nmをピークとするイエロー発光と波長約460 nmをピークとするブルー発光からなるのがわかる[3]~[6]。

図3.7.2に,ガンマ線を20 [Gy] まで照射した際のRPLの具合を示す。ガンマ線の吸収線量の増加とともにRPL強度が増加しているのがわかる。0 [Gy] から約20 [Gy] まで,放射線量にほぼ比例してRPL強度が増加するのが確認されている。

---

* Hidehito Nanto 金沢工業大学 大学院高信頼ものづくり専攻 教授

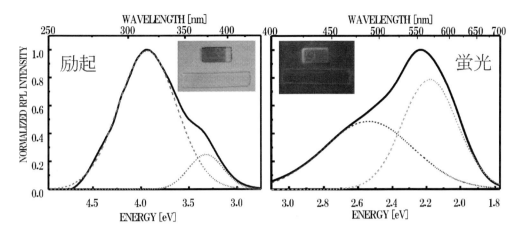

図 3.7.1　X 線照射した Ag ドープリン酸塩ガラスの典型的な
RPL 励起スペクトル（右図）と発光スペクトル（左図）

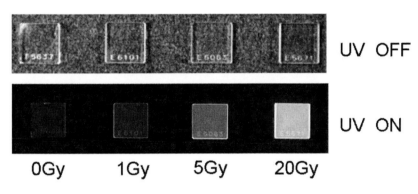

図 3.7.2　ガンマ線の吸収線量の増加に伴う RPL 発光強度の変化

なお，RPL の発光メカニズムは以下のようであることがすでに明らかにされ報告されている。

$Ag^{1+} + e^-$（自由電子）$\Rightarrow Ag^0$（ブルーRPL）

$Ag^{1+} + h^+$（自由ホール）$\Rightarrow Ag^{2+}$（イエローRPL）

すなわち，放射線照射により生成された電子ホール対が，ガラス中にドープされている Ag^{1+} イオンに捕獲され（この状態が着色した状態で，放射線の情報がガラスに記憶された状態），結果として Ag^0 イオンと Ag^{2+} イオンが生成される。これらのイオンに紫外線を照射すると，それぞれ電子が励起され，緩和する際にブルーRPL およびイエローRPL を発する。発光の状態を示すためのエネルギーバンド図を図 3.7.3 に示す。

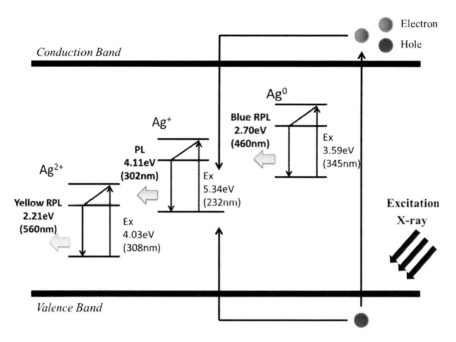

図 3.7.3　RPL 発光を説明するためのエネルギーバンドダイアグラム

3.7.3　蛍光ガラスを用いた放射線量の可視化技術

　放射線照射された蛍光ガラスは，紫外線で励起することで，吸収された放射線量に比例したイエローとブルー帯の RPL 可視発光を示すことから，福島原発周辺の放射線量の可視化に応用する研究が推進されている[7]。

　具体的には，Ag をドープしたリン酸塩ガラスをビーズ状（径が約 50μm）やシート状（A4 サイズ）に加工し，図 3.7.4 に示すように，それらを放射能汚染された区域に，ばら撒いたり，貼ったりすることで，その場の放射線量を蓄積し，必要に応じて，可視の RPL 発光を読みだすことで，放射線量の「可視化」を行おうというものである。

図 3.7.4　福島原発周辺におけるビーズ状およびシート状ガラス線量計を用いた
　　　　　放射線量の可視化技術と使用例

第 3 章　環境に関わるフィジカルセンシング

　図 3.7.5 に作製した直径約 50 μm のガラスビーズにガンマ線を照射し，その後，紫外線励起した際に観測される RPL 発光の状態を示す．図 3.7.6 には，ガラスビーズを透明でかつ水に浮くカプセルに入れた状態での RPL 発光を示す．また，図 3.7.7 には，作製したガラスシートの中心部分にガンマ線を照射したのち，測定した RPL 強度の二次元分布を示す．きれいに円状に RPL が読み取れていること，線量を増加することで RPL 強度が大きくなっていることが確認できる．

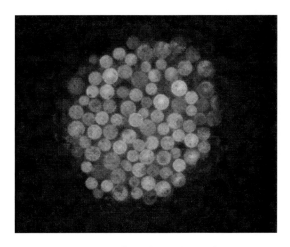

図 3.7.5　ガンマ線照射したビーズ状ガラス線量計を紫外線励起した際に観測されたオレンジ RPL 発光の様子

図 3.7.6　ガンマ線照射したビーズ状ガラス線量計を透明なケースに入れた際に観測される RPL 発光

105

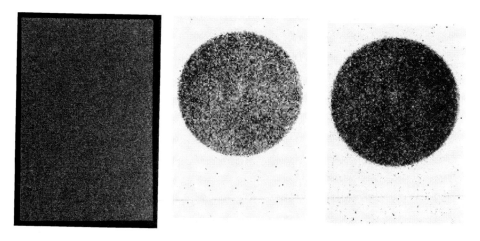

図3.7.7 シート状ガラス線量計を用いて観測した放射線量分布

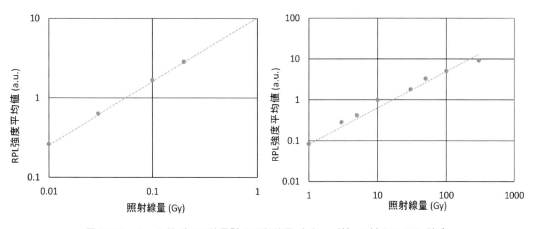

図3.7.8 シート状ガラス線量計の吸収線量（ガンマ線）に対する RPL 強度

　図3.7.8には，シート上，あるスポットに放射線量を変化させて照射した際の RPL 応答を示す。照射線量（吸収線量）に比例して RPL 強度が変化しているのがわかる。
　以上示した結果から，ガラス線量計の RPL 現象を用いた技術は，放射線量の3次元モニタリングはもとより，たとえば，福島原発の周辺における放射能汚染のモニタリングと放射線量の可視化技術として利用が可能と考えられる。今後，現場での試行実験の成果が楽しみである。

3.7.4　放射線センサを搭載したヘリ型ロボットによる線量分布モニタリング

　福島原発事故以来，原発周辺の放射能の汚染状況や放射線量分布を調べるために，アクティブタイプの放射線量計を搭載した無人ヘリコプター[8]やヘリ型ロボット（ドローン）を用いた活動[9]が活発化してきている。
　古谷ら[10]は，無人ヘリに搭載したアクティブタイプの放射線量計を用いて福島原発事故後の

第3章　環境に関わるフィジカルセンシング

図3.7.9　線量測定用ヘリ型ロボットの写真

原発周辺の放射線量モニタリングを行っている．また，最近，南戸ら[11]，福島原発の原子炉周辺の空間線量分布を測定するための，簡易放射線センサ，GPS，およびカメラを搭載したヘリ型ロボットを作製し，その基礎実験を開始している．図3.7.9には，放射線量の空間分布を測定するために作製されたヘリ型ロボットの写真を示す．

3.7.5　簡易放射線センサ「ポケットガイガー」を用いた線量分布モニタリング

東日本大震災に伴う福島原発事故により，原発から放出されたヨウ素やセシウムなどの放射性同位元素による汚染が生じた．その際，非営利プロジェクト「radiation-watch.org」が，facebookで結ばれた世界中のエンジニア，科学者，デザイナーの協力を得て，光センサを内蔵した放射線センサとセンサの出力を取り込むスマートフォンを組み合わせた簡易な放射線モニタリング用センサシステムを作製し，原発周辺での放射線モニタリングを行った．このセンサは，Radiation Watchと命名され，原発事故後，一般人を含めいろいろな人により使用され，その効力を発揮した．詳細については次の節で触れられるので，次節に譲りたい．

3.7.6　課題と展望

福島原発の廃炉計画が提示され，今後約50年に及ぶ，放射線との戦いが始まっている．その際，例えば，高い線量率の原子炉周辺および建屋内における作業は過酷になることが予想され，その際，そこで働く作業員の被ばく線量の管理，原子炉周辺での放射線量モニタリングが重要となる．本節で紹介した，①蛍光ガラス線量計による放射線量分布のモニタリング技術，②ビーズ状およびシート状蛍光ガラス線量計を用いた放射線量の可視化技術，③Radiation Watchを用いた簡易な放射線量モニタリング技術および④アクティブおよびパッシブタイプの放射線量計を搭載したヘリコプターやヘリ型ロボットにより放射線量モニタリング技術は，福島原発の廃炉作業において，いずれも重要な技術となることが期待できるとともに，他の放射線計測分野で利用が大いに期待でき，今後，重要な技術となると考えられる．

参考文献

(1) 南戸秀仁，積分型個人被ばく線量計の原理とその応用，放射線（Ionizing Radiation），Vol.37, pp.3-9,（2011）
(2) T. Kurobori, W. Zheng, Y. Miyamoto, H. Nanto and T. Yamamoto, The role of silver in the radiophotoluminescent properties in silver-activated phosphate glass and sodium chloride crystal, Optical Materials, 32, pp.1231-1236 (2010)
(3) Y. Miyamto, K. Kinoshita, S. Koyama, Y. Takei, H. Nanto, T. Yamamoto, M. Sakakura, Y. Shimotsuma, K. Miura and K. Hirao, Emission and excitation mechanism of radiophotoluminesence in Ag+-activated phosphate glass, *Nuclear Instruments and Methods in Physics Research*, A619, pp.71-74 (2010)
(4) Y. Miyamoto, Y. Takei, H. Nanto, T. Kurobori, A. Konnai, T. Yanagida, A. Yoshikawa, Y. Shimotsuma, M. Sakakura, K. Miura, K. Hirao, Y. Nagashima and T. Yamamoto, Radiophotoluminescence from silver-doped phosphate glass, Radiation Measurements, 46, pp.1480-1483 (2011)
(5) T. Yamamoto, D. Maki, F. Sato, Y. Miyamoto, H. Nanto and T. Iida, The recent investigations of radiophotoluminescence and its application, Radiation Measurements, 46, pp.1554-1559 (2011)
(6) H. Nanto, Y. Miyamoto, T. Ikeguchi, K. Hirasawa, Y. Takei, Y. Ihara, K. Shimizu, T. Iida and T. Yamamoto, Monitoring of Radiation Dose Distribution Utilizing RPL Phenomenon in Ag-Doped Phosphate Glass, Abstract Book of International Symp. On Radiation Detectors and Their Uses, p60 (2016)
(7) http://fukushima.jaea.go.jp/initiatives/cat03/pdf/helicopter.pdf
(8) http://fukushima.jaea.go.jp/magazine/pdf/topics-fukushima025-1.pdf
(9) 上甫木智哉，新海健太，針澤康太，マルチコプタによる空間放射線量モニタリング，金沢工業大学プロジェクトデザインⅢ成果報告書（2014）
(10) 古谷知之，上原啓介，丹治三則，無人ヘリによる放射線航空測定データ解析に関する基礎的研究，統計関連学会連合大会講演報告集，p.2012（2012）
(11) 南戸秀仁（招待講演），放射線検出器用蛍光体ガラスとその可能性，日本セラミックス協会第28回秋季シンポジウム，（2015）

3.8 参加型の放射線モニタリング事例

石垣 陽*

　原子力発電所や工業プラントの事故など，人々の健康や自然環境に深刻なダメージを与える大事故が後をたたない。これら事故・災害による被害を最小限に留めるためには，市民自らが，リスクを判断するための状況情報を，専門家との相互のコミュニケーションを通じて早期に獲得することが望まれる[1]。具体的には，①一般市民に対して環境計測を行うための安価・簡易な手段を提供し，②ソーシャルメディアを通じて付近住民や専門家が共に計測結果を共有することによって，③測定結果に基づいた科学的知識や適切なリスク回避行動について客観的議論・検証を行うことができるような，市民参加型のモバイル環境監視システムが必要とされる。そこでは，MEMSや半導体センサ群による環境センシングという「フィジカル技術」と，スマートフォンやIoT等の「サイバー技術」，そしてソーシャルメディアの利活用やビッグデータ分析といった「ソーシャル技術」の横断的な連携が重要となる。

　本節では，フィジカル・サイバー・ソーシャル技術が連携した「市民参加型のモバイル環境監視」という観点から，福島第一原子力発電所事故後の放射線計測用に開発したモバイル放射線測定器「ポケットガイガー」（Pocket Geiger, 図3.8.1）をケーススタディとして，その製品開発から評価，さらに測定結果の利用に至るまでの社会プロセスを紹介する。本事例が，環境分野におけるケミカルセンシングを社会実装する上での，1つのモデルケースとなれば幸いである。

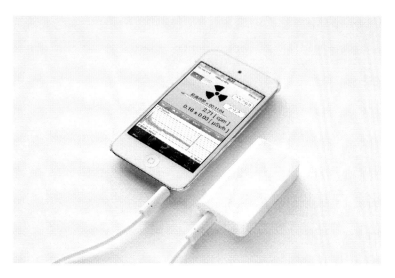

図3.8.1　ポケットガイガー（ポケガ）外観図

＊　Yang Ishigaki　ヤグチ電子工業㈱　取締役CTO／電気通信大学大学院
　　プロジェクト研究員

3.8.1 ポケットガイガー

ポケットガイガー（http://www.radiation-watch.org），以下「ポケガ」は，福島第一原発事故後の市民による放射線計測用に著者らが開発したモバイル放射線測定器である。γ線センサとして汎用 PIN フォトダイオードを採用し，スマートフォンを利用して信号処理を行うことにより小型・軽量・低コスト化を実現した。これまで Type1〜6 の全 6 モデルが開発されており，初期モデルの Type1 は DIY キット方式により 1,850 円で配布された。測定範囲は 0.05 μSv/h〜10 mSv/h と実用上十分な性能を有する。2014 年末時点で 5 万台以上が出荷され，ソーシャルメディア（Facebook）の専用コミュニティ上で放射線防護に関する議論も活発に行われてきた。GPS の位置情報を利用し線量の共有・可視化も可能であり，蓄積データ数は 100 万レコードを超える。

3.8.2 開発の動機

福島原発事故後においては，局所的な環境要因（気象，植生，水はけ）によって放射線量が大きく異なっていた。このため多地点の線量情報を「測定」し，それらの情報を地域住民同士で正しく「共有」することが求められた。同時に，正しい測定方法や放射線の定量的なリスクに関して，専門家を交えた「議論」の場を提供することも望まれた。以下では，これら「測定」「共有」「議論」という観点から，福島原発事故後の産業界・行政・政府・市民活動の対応を振り返りたい。

国内メーカーは事故以前より GM 管やシンチレーション式の放射線測定器を販売していたが，10 万円〜50 万円程度と一般市民にとっては高価であり，また急激な需要増加により事故後数ヶ月は入手困難であった。このため市場には，輸入品を中心として安価な測定器が出回った。ところが国民生活センターが当時の比較的安価な 9 機種（図 3.8.2，いずれも輸入品）を調査した結果，

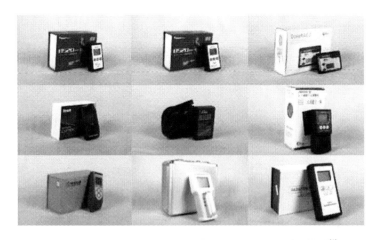

図 3.8.2　国民生活センターが調査した当時の線量計 9 機種[2]

第 3 章　環境に関わるフィジカルセンシング

いずれも通常の環境程度（バックグラウンド）以下の放射線量を正確に測定できなかった[2]。同センターには放射線測定器に関連する多くの相談が寄せられ（2011 年 3 月 11 日から 11 月末までに 680 件）[3]，他にも誤った製品表示・利用方法が指摘される[4]など，社会的混乱が起きていた。なお国内企業が一般市民向けの安価な測定器を市場投入できたのは事故から 9ヶ月後だったが，この製品には測定値を共有する機能は無かった[5]。

こうした商業製品の混乱・遅延と比較して，研究者・大学関係者による無償のボランティア団体は迅速な対応をしていたといえる。例えば事故から 5 日後には Web 上の放射線量情報を一元化するポータルサイト Radmonitor311[6]や，1 週間後には移動型センサによる線量測定と公開を行う SAFECAST[7]が設立され線量の地理的な分布についての「共有」が進みつつあった。しかしまだ，個々人が生活圏における放射線量をきめ細かく「測りたい」，また，そのリスクについて「議論したい」というニーズは依然として存在していた。

一方で政府・行政の対応をみると，文部科学省が放射線モニタリング情報を集約するサイトを開設したのは事故から 5ヶ月経ってからであり，さらに 3ヶ月後の 2011 年 11 月より福島県内へのリアルタイム線量測定システムの設置を開始，延べ 2,700 台のモニタリングポストを設置したのは翌年 2 月だった[8]。また，日本政府は事故後すぐには SPEEDI（緊急時迅速放射能影響予測ネットワークシステム）の試算結果を公開せず，国内外からの批判を受けて 2 週間後に一部を，さらに 2ヶ月後に全内容を公開した。こうした情報公開の遅延の背景として，政府の権限者に，リスク情報を社会に正しく伝えるスキルが無かった点が挙げられている[9]。なお，「放射線モニタリング情報」や SPEEDI の情報は一方的に市民へ提供されるに留まり，これらの情報について市民・専門家が議論をする双方向の議論の場が用意されることは殆どなかったといえる。

また，当時のメディアを通じた放射線に関するマス・コミュニケーションの様子を振り返ると，海外メディアからは事故の深刻さが知らされる一方で，国内マスメディアに登場した多くの専門家は事故を過小評価する傾向があり，市民は政府・マスメディアや専門家に対して，非常に強い不信感をいだく結果となった[10]。放射線に対する過信・不信を減らすためには，互いに信頼し合った上で科学的な「議論」を展開する必要があるだろう。しかし福島原発事故以降のマス・コミュニケーションにおいては，市民と専門家が遠ざけられる結果になった。

このように，福島原発事故後のリスクコミュニケーションにおいては，民間・政府のどちらも，放射線量について「測定」「共有」「議論」ための方策を市民へ有効に提供することができなかったといえる。低コストかつ高信頼な線量計の普及と，その測定結果の共有や議論のための場が求められる中，筆者らはスマートフォン接続型のモバイル線量計「ポケガ」を 2011 年 5 月より研究・開発，3ヶ月後の 8 月には初代バージョンの Type1 をリリースした。震災後初の安価な個人向け線量計であったため半年で 1.5 万台以上が配布され，市民誰もが放射線を「測る」ことに貢献できたといえる。またスマートフォンの利用により測定結果を「共有」し，ソーシャルメディア上で放射線防護のための「議論」を行うことができた。

3.8.3 ハードウェア設計

ポケガの設計においては、前項で示したような喫緊の社会ニーズに応えるため、低コストで迅速に開発・普及させられることが強く求められた。そこで表3.8.1に示すように、誰もが容易に入手できる汎用部品・既製品を積極的に採用した。さらに、これらの設計図をオープンソースとして公開することにより、沢山の技術者・専門家を巻き込む開発が可能となった。以下では表3.8.1を参照しながら、ポケガの特徴を「汎用半導体センサ」「スマートフォンの利用」「DIYによる半製品化」の3つの観点からまとめ、次に回路設計とソフトウェア設計の詳細について述べる。

表3.8.1 ポケガのハード開発における既製品・汎用品の採用

部位	通常の放射線測定器で使用される部材	ポケガ（Type1）にて採用した部材
センサ	GMT、シンチレーター等	汎用半導体（PINフォトダイオード）
信号処理・計算部	マイコン	スマートフォン
操作表示部	液晶、ボタン等	
外装ケース	プラスチック射出成型品	市販のミントキャンディーFRISK®の箱
β線遮蔽板	板金アルミ板	10円硬貨、アルミホイル

1) 汎用半導体センサ

これまで一般に放射線測定用のセンサとしてはGMT（ガイガーミュラー管）方式や、シンチレーション方式などが用いられてきた。これらは感度が高く、シンチレーション方式であればエネルギー補償も可能であるというメリットがある。しかし、いずれもセンサや周辺回路（光電子増倍管や高電圧回路等）が高価・複雑であり、また、経年劣化が起きるため定期的な校正が必要となる。そこでポケガでは、調達・製造コストが安価であり、原理的に劣化の起きにくいPINフォトダイオードを採用することとなった。PINフォトダイオードによる放射線の測定原理は古くから知られていたが[11]～[17]、一般市民向け放射線測定器としての応用例はポケガが初めてとなる。

一般市民が測定器を使用する場合、定期校正のような煩雑な運用を行うことは困難であるため、原理的に摩耗・劣化しないPINフォトダイオードの採用は大きなメリットがある。一方で感度の低さについては、時間をかけて測定することにより実用上十分な精度を得ることで解決した[※1]。またエネルギー補償については、今回は原発事故に対処するための線量計であったため、主に原発から拡散した核種（^{134}Cs及び^{137}Cs）を元に校正を行えれば実用上問題ないと考えられた。

※1 Type1～3の場合、0.05μSv/hの低線量地帯において10～15分程度の測定時間を要する。Type4～6ではセンサの高感度化により測定時間は2分に短縮された。いずれも福島原発事故後の一般市民における放射線測定ニーズにおいては、十分に許容されるものと考えられた。

第3章 環境に関わるフィジカルセンシング

2) スマートフォンの利用

センサをスマートフォンへ接続することにより，以下の3つのメリットが生まれる。
- ・ユーザインタフェースや電源などの部品が不要となり低コスト・小型・軽量化が実現できる
- ・ソフトウェア化により機能改善・追加が容易である
- ・GPS，通信機能，カメラ等により，測定状況の情報共有や議論が可能となる

これらの特徴は環境計測に限らず，様々なIoTデバイスにおいても有用である。例えばスマートフォンによるクレジットカード読み取りとオンライン決済サービスを提供するSQUARE®，スマートフォンを赤外線サーモグラフィへ置き換えるFLIR®等からも同様のコンセプトを読み取ることができる。スマートフォンのプラットフォーム化は，今後も大きく進展するだろう。

3) DIYによる半製品化

初期モデルのType1では，実装済み基板を市販菓子FRISK®のケースに入れて使用するDIYキット方式を採用した（図3.8.3）。一般にケース開発には金型（約100万円，設計期間1～3ヶ月）を要するが，市販品の利用により開発費・期間を省略できた。なおFRISK®は，被災地を含む全国での入手性が良いことと，強度が十分に確保されていることから選定した。

また，γ線の測定においてはβ線を遮蔽するシールドが必要となり，一般には金属板を板金加工して製造するが，Type1においては10円玉・アルミホイルなどで代用した。これら身近にある汎用材料の利用により，震災後初の個人向け線量計でありながら，開発期間は3ヶ月，配布価格は1,850円（送料込み）に抑えることができた。なおType2以降では資金力に余裕ができたため専用のプラスチック射出成型品を開発したが，DIYやオープンソースの思想は強く引き継いでおり，分解方法や設計図をWeb上で公開している。

昨今では，こうした半製品が持つ低コスト・高い拡張性といった魅力が新たな価値として社会認知され，新しい物づくりのスタイルとして定着しつつある。例えばDIYにより消費者を巻き込んだ商品開発を行うMakerムーブメント[18]や，半製品の組み立てによって製品への愛着が増すIKEA効果[19]などが挙げられる。

図3.8.3　ポケガType1を組み立てているシーン
（取扱説明書より）

3.8.4 γ線検出回路の設計

表 3.8.2 に,ポケガ Type1～Type6 までの開発履歴と各モデルの特徴を,図 3.8.4 に Type1 の回路図を,図 3.8.5 に各モデルの回路ブロック図を示す。ポケガ Type1～4 は 3.5 mm ステレオミニプラグによりスマートフォン側へ接続され,放射線パルスは A/D 変換と信号処理により検出される。なおスマートフォンの入力ゲインはモデルにより異なるため,機種・世代をソフトウェア側で検出し,パルス検出のための適切な閾値等のパラメータを自動設定する必要があった。

Type1～3 では,センサとして 8 個の PIN フォトダイオードを使用した。一般にセンサ数と暗電流増加はトレードオフの関係にある。実験的に確かめた結果,本回路で検出効率を最大化できるセンサ数は 8 個(並列接続)であることがわかった。

Type1 では 9 V 電池が必要だったが,当時の被災地からは電池の入手が困難だという声が寄せられた。そこで Type2 では iOS® デバイス側からステレオ逆位相の 20 kHz 正弦波として電力を供給し内部回路にて整流・昇圧して使用するエナジーハーベスト技術を実装した。

表 3.8.2 ポケガ各モデルの仕様比較

タイプ	発表時期	対応デバイス	特徴	センサ
Type1	2011 年 8 月	iOS®	DIY キット	低感度型 Vishay 社 VBPW34×8 個
Type2	2012 年 2 月	iOS®	完成品,電池不要	
Type3	2012 年 6 月	iOS®, Android®	振動対策回路,コンパレータ内蔵	
Type4	2012 年 8 月	iOS®	完成品,電池不要,振動対策回路・コンパレータ内蔵	高感度型 First Sensor 社製 X100-7×1 個
Type5	2012 年 11 月	Arduino®, PIC®		
Type6	2014 年 12 月	Android®		

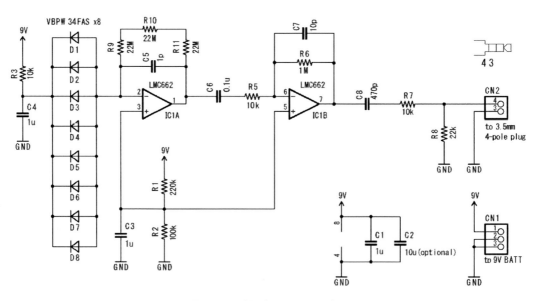

図 3.8.4 ポケガ Type1 の回路図

第 3 章　環境に関わるフィジカルセンシング

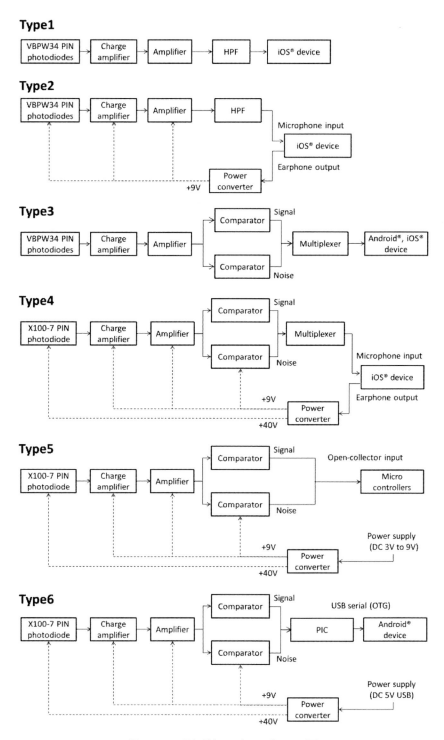

図 3.8.5　ポケガ各モデルのブロック図

さらに Type3 以降ではコンパレータ回路を内蔵し，ソフトウェア側での閾値設定を不要とした．この回路には，PIN フォトダイオードの欠点である振動ノイズを検出する機能も備わっている．これは，正方向の閾値により放射線を，負方向の閾値により振動ノイズを検出するものであり，ノイズを検出した場合は測定バッファの前後 100 msec を破棄しノイズの影響を消去できる．

Type4～6 では，FirstSensor 社製の大面積 γ 線検出用 PIN フォトダイオード X100-7 を採用し，上述の振動ノイズ検出回路も搭載した．センサの高感度化によって，Type1～3 では標準的な空間線量（0.05 μSv/h）において 20 分程度かかっていた測定時間が，2 分程度に短縮された．

3.8.5 ソフトウェア設計

ソフトウェアは AppStore® または GooglePlay® 等からダウンロードすることができ，Arduino® や PC 用のサンプルコードも公開されている．図 3.8.6 に，iOS® 版の画面キャプチャを示す．初期バージョン（左）では [cpm] の単位系にのみ対応していたが，現行バージョン（中）では空間線量を [μSv/h] の単位系で表示し，± 以降に計数誤差も表示される．さらにグラフには線量の移動平均（実線部）と，1σ の計数誤差（ゲージ部）も示される．また地図画面（右）では，GPS 機能を用いて線量値をプロットし，線量の地理的な傾向を共有・可視化できる．

3.8.6 参加型開発

ポケガの開発では資金・人材が大幅に不足していたため，表 3.8.3 に示す参加型の開発手法により，低コストかつ迅速に開発を進めることとなった．以下では，表 3.8.3 を参照しながら，参加型開発の特徴について「クラウドファンディング」「ソーシャルメディアとパブリシティ」「オープンソース型研究」「ソーシャルプロダクト」の観点からまとめる．

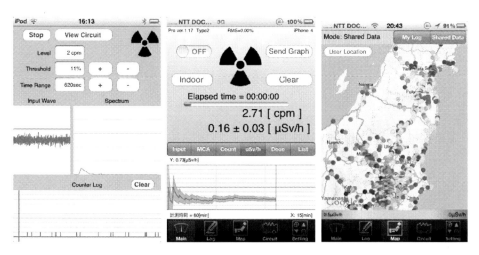

図 3.8.6　ソフトウェア動作画面の変遷

第 3 章　環境に関わるフィジカルセンシング

表 3.8.3　従来型と参加型の開発手法の違い

実施項目	典型的な開発手法	参加型の開発手法
資金調達	銀行，ベンチャーキャピタル	クラウドファンディング
研究開発	自社開発，産学連携，委託研究	オープンソース型研究
生産	完成品（内策，OEM/ODM）	半製品，DIY（ユーザの巻き込み），ソーシャルプロダクト化
広告宣伝	広告代理店	ソーシャルメディア，パブリシティ

1) クラウドファンディング

　初期生産のための資金を迅速に調達するため，クラウドファンディングの一種である Kickstarter.com を利用した。図 3.8.7（左）に，Kickstarter における本プロジェクトの紹介画面を示す。結果的にファンディングは成功し，4 日間で初期ロットの製造に必要な目標額を達成した。図 3.8.7（右）は，国ごとの投資者数を示す。海外サイトにも関わらず米国より日本からの投資が最も多かったことがわかる。3 位以降にはドイツ，スイス，カナダ，イタリア，オランダ，ノルウェーなど，原発問題を抱え環境に対する意識の高いとされる EU 諸国が見受けられる。

2) ソーシャルメディアとパブリシティ

　プロジェクトを運営する上で広告宣伝に使う資金は無かったが，Kickstarter をきっかけとしてソーシャルメディア上で次々と記事が転記され，結果としてパブリシティ効果を得ることができた。図 3.8.8 は 2011 年当時のプロジェクトへの投資額の推移である。7 月 10 日頃にニュースサイト Gizmodo に掲載されたのをきっかけに他のメディア（CNET，Make，PC watch，Gigazine など）へ情報が拡散し，これに伴って投資額が上昇した。これらはまた，海外メディア（Le Monde，IEEE，KBS，de Volkskrant 等）から取材オファーを得るきっかけともなった。

3) オープンソース型の産学連携研究

　ポケガの実験データ，回路図，ソフトウェア等は当初からオープンソースライセンスの元で順次公開されており，商用・非商用を問わず利用できる。このように研究開発成果を独占・閉鎖せ

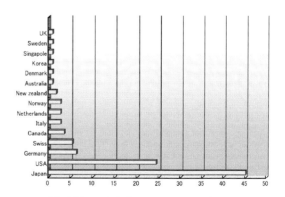

図 3.8.7　Kickstarter のプロジェクト画面（左）と出資者の国別分類（右）

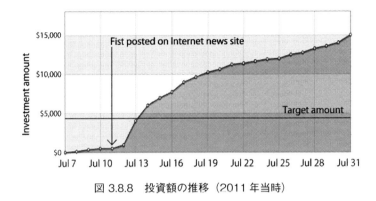

図 3.8.8　投資額の推移（2011 年当時）

ず，共有知（コモンズ）として社会に開放・還元するオープンソース型の開発姿勢は，多くの技術者・専門家・研究者から共感を得ることにも繋がるだろう．

実際，ポケガの開発においては，世界中の専門家から協力オファーを得ることができた．具体的には，専門知識の提供，校正試験，フィールドテスト，回路シミュレーション，技術的な改善提案が挙げられる．中でもオランダ国防省と国立計量局のチームはポケガの特性評価（図 3.8.9）を行い，無償で性能証明書を発行してくれた．協力者へのインタビュー記事[20]によれば，こうした協力行為の動機として，プロジェクトの趣旨への強い共感が挙げられている．

4） ソーシャルプロダクト化

ポケガの生産・活動拠点は，宮城県石巻市のヤグチ電子工業㈱に置かれた．同社が，ユニークで革新的な製品開発により，被災地の生産技術活用と雇用確保を目指したいという思いを抱いていたためである．実際に製品が市場に出るようになると，「メイド・イン・石巻」であるということがメディア等で好意的に取り上げられるようになった．すると多くの応援の手紙や，記事を見て感激したという商社や量販店の担当者から連絡が入るようになり，目に見えて工場の売上に

 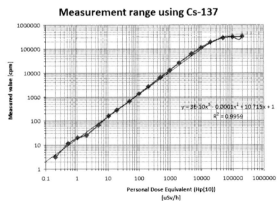

図 3.8.9　オランダの研究者による実験風景（左），特性試験結果（右）

第 3 章　環境に関わるフィジカルセンシング

も貢献するようになっていった。

　このように製品そのものの機能・価格だけではなく，プロジェクトの運営姿勢や社会的な波及効果に対してユーザが共感を得るような価値を持つ製品はソーシャルプロダクト（social product）と呼ばれ，経営学における新しい価値として近年注目されているという[21]。

3.8.7　「測定」から「共有」，そして「議論」へ

　ポケガが普及するにつれ，専用 Facebook グループでの「共有」「議論」が活発化した。実際にユーザが投稿したトピック（2011 年 7 月〜2012 年 7 月，1,549 件分）について内容を分類したところ，「線量共有」が 54%，「技術提案」が 20%，「使用方法」が 9%，「比較試験」が 8%，「バグ報告」が 5%，「その他の議論」が 4% であった。以下でそれぞれの事例を紹介する。

　「線量共有」の例を図 3.8.10 に示す。これらの投稿では生活圏（市街地，公園，学校，自宅など）に関する測定結果の共有と，その値の受け止め方に関する議論が多く展開された。専門家を交えた書き込みが寄せられ，高度な議論を展開する場面もあった。例えば図 3.8.11（左）では，岡山県のホテルでの空間線量が $0.13\,\mu\mathrm{Sv/h}$ と少々高めであったことを報告しているが，いくつかの議論の後，同県のバックグラウンド線量は震災前から $0.126\,\mu\mathrm{Sv/h}$ 程度であり，これは原発ではなく地質学的な影響であることが専門家により示された。また図 3.8.11（右）では，海外旅行先の線量が問題ないレベルだということがわかり安心したというコメントが寄せられている。

　「比較実験」は，ユーザが自主的に行った精度レポートである。図 3.8.12（左）に示すように，市販の空間線量計等との比較結果が頻繁にレポートされた。また図 3.8.12（右）に示すように，政府・自治体によって設置されたモニタリングポストの表示値と，ポケガの測定値を比較する報告も多く見られた。ほぼ全ての場合において両者の表示値は一致していたが，その受け止め方は人それぞれであった。「ポケガは安価でありながら精度が高い」と解釈する人もいれば，「政府・自治体が事態を収拾するため，モニタリングポストでは意図的に低い線量値が表示されていると思っていた」「比較実験の結果をみてモニタリングポストを信じるようになった」と述べる人も

図 3.8.10　ユーザによる測定レポートの例（左：千葉県の児童公園，右：福島県 J ビレッジ）

図 3.8.11　専門家を交えた議論の例

いた．このように市民からみた信頼の度合いを適切に変化させることは，環境災害における望ましいリスクコミュニケーションを実現する上で重要となるだろう．

　「技術提案」では，主に技術者からハード・ソフトの改善提案が寄せられ，これらを元に着実にType1〜6へとメジャーバージョンアップを積み重ねることができた．また非技術者からも，新機能等を自主的に動作検証した「バグ報告」などが寄せられることにより，安定動作のためのマイナーバージョンアップに貢献した．その他，「使用方法」についての質問も寄せられたが，その多くはユーザ間のコミュニケーションによって解決していった．

第3章　環境に関わるフィジカルセンシング

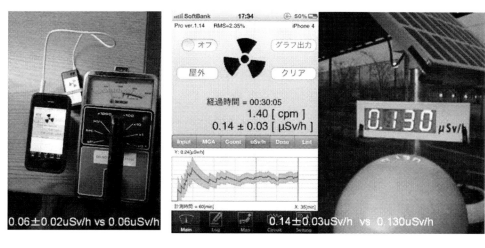

図3.8.12　比較実験の例（左：線量計との比較，右：モニタリングポストとの比較）

以上のようにポケガのFacebookグループでは，放射線防護に関する質の高い議論が繰り広げられてきた。それらは開発者側からの一方的な情報提供ではなく，市民がそれぞれの持つ専門能力を発揮させて情報提供を行うことで，相互に議論・協力をしながら皆で放射線リテラシーを高めて行くような，ボトムアップの学習の場として発展してきたといえる。

3.8.8　課題と展望

近年になり，放射線，PM2.5，CBRNEテロ（ダーティーボム），集中豪雨による土砂災害といった新しいタイプの環境事故・災害リスクが顕在化している。これら共通の課題として，①リスクを知るための測定に特別な装置が必要，②数メートルオーダーの場所によって危険度が大きく異なる，③避難の必要性などリスク判定に高度な専門知識が必要とされる，の3つが挙げられるが，いずれも状況把握や対応策は行政任せという現状にある。

ポケガによる放射線モニタリングにおいては，市民が測定の主体となることで多数の環境モニタリング情報を収集・可視化し，専門家との共有・議論を通して地域の環境監視と自主的な意思決定を支援してきた。将来，こうした参加型モニタリングにより収集されたビッグデータを行政機関・自治体と連携すれば，地域防災計画，ハザードマップ策定，災害の予兆検知など新しい社会の枠組みを構築できるだろう（図3.8.13）。

日常から環境リスクを一人一人が測定・共有し，行政への一方向的・過大な期待を避け，専門家や自治体との相互議論を通じた状況判断を行うことができれば，災害時に指示を待たずとも適切な避難行動へ自ら結びつけることのできる「高リテラシー・自主判断型の減災社会」を実現することにつながるだろう。そこでは，半導体センサやスマートフォン等の廉価で広く普及した汎用技術基盤を元とした，新しいフィジカル・サイバー・ソーシャル連携型のスマートセンシング・サービスの開発がカギとなるに違いない。

環境と福祉を支えるスマートセンシング

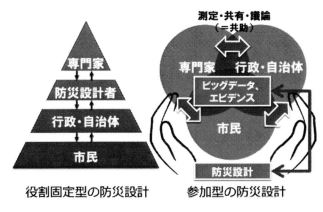

図 3.8.13　参加型モニタリングによる防災設計の将来像

- ✓ 本研究に興味をもたれた方は，ぜひ著者らの研究グループにご連絡ください。皆様の「参加」を心よりお待ちしています（pokega@tanaka.is.uec.ac.jp）。

参考文献

(1) 田中健次，伊藤誠：「災害時に的確な危険回避行動を導くための情報コミュニケーション」，日本災害情報学会誌, No.1, pp.61-69 (2003)
(2) 独立行政法人国民生活センター報道発表資料：比較的安価な放射線測定器の性能
http://www.kokusen.go.jp/news/data/n-20110908_1.html （2011 年 9 月 8 日）
(3) 独立行政法人国民生活センター報道発表資料：比較的安価な放射線測定器の性能 – 第 2 弾 – http://www.kokusen.go.jp/news/data/n-20111222_1.html （2011 年 12 月 22 日）
(4) 独立行政法人国民生活センター報道発表資料：デジタル式個人線量計のテスト結果,
http://www.kokusen.go.jp/pdf/n-20120524_1.pdf （2012 年 5 月 24 日）
(5) エステー社プレスリリース：生活者の不安を解消するため 首都大学東京と共同開発 家庭用放射線測定器「エアカウンター」を新発売
http://www.st-c.co.jp/release/2011/20110726_000266.html （2011 年 07 月 26 日）
(6) Ichimiya, R.: Radmonitor311 project https://sites.google.com/site/radmonitor311/ (accessed 2013-08-01) オンライン
(7) SAFECAST project
http://blog.safecast.org/ (accessed 2013-08-01) オンライン
(8) 文部科学省報道発表資料：リアルタイム線量測定システムによる福島県内の空間線量率のリアルタイム測定結果の公開について（2012 年 2 月 21 日）
(9) 日本リスク研究学会冊子：Emerging Issues Learned from the 3.11 Disaster as Multiple

Events of Earthquake, Tsunami and Fukushima Nuclear Accident, pp.42-43 (Mar. 11, 2013)

(10) 正村俊之：問われる「科学とマスメディアへの信頼」，特集1◆3.11福島第一原子力発電所事故をめぐる社会情報環境の検証 —テレビ・ジャーナリズム，ソーシャル・メディアの特性と課題—，学術の動向（日本学術会議）
https://www.jstage.jst.go.jp/article/tits/18/1/18_1_42/_pdf（2013年1月）

(11) Knoll, Glenn F.: Radiation Detection and Measurement, pp.365-414, Wiley (2010)

(12) Iniewski, K.: Semiconductor Radiation Detection Systems, CRC Press (2010)

(13) K. Iniewski, Electronics for Radiation Detection, Florida, CRC Press (2011)

(14) H. Spieler, Semiconductor Detector Systems, New York, Oxford University Press (2005)

(15) G. Dearnaley and D.C.Northrop, Semiconductor Counters for Nuclear Radiations, Second Edition, New York, John Wiley (1966)

(16) H. Kitaguchi, H. Miyai S. Izumi and A. Kaihara, "Silicon semiconductor detectors for various nuclear radiations," *IEEE Trans. Nucl. Sci.*, vol. 43, no. 3 (June 1996)

(17) Hamamatsu Photonics, Technical Information; Application circuit examples of Si photodiode; Gamma-ray, X-ray detector, p.3
http://www.hamamatsu.com/resources/pdf/ssd/si_pd_circuit_e.pdf (2008) Online

(18) クリス・アンダーソン：MAKERS—21世紀の産業革命が始まる，NHK出版（2012年10月23日）

(19) Norton, M. *et al*.: The 'IKEA Effect': When Labor Leads to Love, Harvard Business School Marketing Unit Working Paper No. 11-091 (2011)

(20) Bard Van De Weijer: Een onderzoeker in ieders broekzak Smartphones inhet regenwoud, Volkskrant (Jul. 13, 2013)

(21) Auger, P. *et al*.: What Will Consumers Pay for Social Product Features?, *Journal of Business Ethics*, Volume 42, Issue 3, pp 281-304 (Feb. 2003)

3.9 まとめ

安藤　毅*

　IT化，ICT化，さらにはIoT（Internet of Things）と言った言葉が盛んに使われるようになってきた。IoTは日本語にすると「モノのインターネット」であり，身の回りの様々なモノが通信技術を有し，相互に情報交換可能となる仕組みを指す。センサもその例に漏れず，新たな付加価値として情報処理，通信機能を有するようになってきた。それを後押しするように，トリリオンセンサ（Trillion Sensors，1兆個のセンサ）と呼ばれる，ネットワークで繋がった膨大な数のセンサを社会全体で運用する，センサのユビキタス社会が提唱されている。本章で紹介した，生活環境に関わるフィジカルセンサを用いたスマートセンシングは，トリリオンセンサまでの規模は有しないものの十分にIoTの用件は満たしており，今後更なる規模の拡大が見込まれる。

　このスマートセンシングのトレンドとしては，情報技術，通信技術を活用して同種，異種のセンサ同士を連携させ，空間軸，時間軸での情報を収集，集積し利用することによって，高度に「見える化」を実現している例が非常に多い。一方でセンサそのものは，現在では従来より実用されている「枯れた」技術が多く用いられており，MEMSなどに代表される新しいセンサ技術が利用されている例は多くなかった。これについては，枯れた技術でも十分スマートセンシングが成立しうるのか，枯れた技術でなければスマートセンシングの安定運用が達成できていないのか，双方の見方が可能であろう。しかし，今後より多くのセンサが社会に配置され，小型化，低消費電力化の要求が高まるにつれ，新しいセンサ技術の導入が進んでゆくものと思われる。センサ技術以外の面でも，ネットワークの構築や法整備，ビッグデータの取り扱いなど，運用面で多くの課題は残されているものの，すでに実用に供されている例も多いため，今後の動向をよく注視していきたい。

謝辞

　3.2.6項　BEMSにおけるセンシング活用事例の執筆に当たっては，東京電機大学　未来科学部　建築学科　百田真史　准教授に，調査，資料提供など多大なるご協力をいただきました。ここにあらためて感謝の意を表し，御礼申し上げます。

　また，3.8節で紹介した著者の研究の一部はJSPS科研費15H01788の助成を受けたものです。

---

　*　Ki Ando　東京電機大学　工学部　電気電子工学科　助教

コラム

スマートセンシングとプライバシー

安藤　毅*

　センサが，ただ単に物事の状態を電気信号に変えるだけの時代は終わり，様々な情報処理，通信機能を備えたスマートセンシングと呼ばれるシステムとして運用されるようになってきた。例えば，BEMS（Building Energy Management System）では施設内に多種多様なセンサを配置して，データを収集，解析し，その結果をもとに省エネルギー化を実現する。データ収集，解析の一例として，東京電機大学の東京千住キャンパスにおける照明電力モニタリング結果を図1に示す[1]。これは，ある年度の講義棟と研究棟の年平均照明電力を，フロアごと時間帯別に示したものである。この図から，どのような施設の利用傾向が見えてくるだろうか。解説は次に示すが，まずはご自身で考えてみてほしい。

　深夜～早朝の時間帯に着目すると，講義棟では当然のことながら，全くと言ってよいほど照明電力の利用が無い。一方で，研究棟では昼のピークほどではないものの，継続した照明の利用がなされており，学生が泊まり込みで研究活動を行っていると推察できる。研究棟においても，深

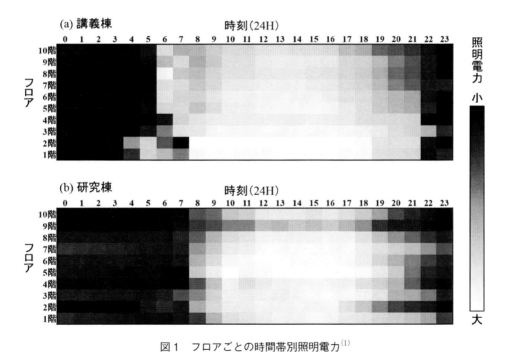

図1　フロアごとの時間帯別照明電力[1]
（"東京電機大学　省CO_2検証委員会"による性能評価の成果物（各種学協会で既発表）より許可を得て引用，再作図）

* Ki Ando　東京電機大学　工学部　電気電子工学科　助教

夜早朝の照明利用がほとんどないフロアがあるが，これらは学生居室のないフロアである。研究棟9階では夜間と共に昼間の照明利用も少ないが，教員居室のみのフロアであるため，昼間においても講義や会議などで不在がちであることが影響していると考えられる。また，特異な点として，講義棟の低層フロアが早朝5時6時に一旦照明電力の利用が多くなり，次いで，講義の無い時間帯にもかかわらず6時7時に高層フロアの照明電力が大きくなる。これは清掃職員が早朝より出勤し，講義の開始前に低層，高層フロアの順に清掃を行っているためであると考えられる。

さて，これらの答え合わせのために警備職員の方や清掃職員の方に話を伺ったところ，おおむね予想どおりであった。特に，講義棟の1F，2Fには図書館があり，午前5時前から清掃を開始しないと8時の開館までに清掃が終了しないとのことである。また，私は見落としていたのだが，研究棟の2Fには清掃職員の方の控室があるそうで，良く見ると6時前後にやや照明電力が多くなっている。ほかにも，講義棟，研究棟ともに3Fは人の動線となっていて，廊下を通行すると照明が自動点灯するために，どの時間帯においても照明電力が多い傾向にあるのだろう。このように施設利用傾向が見える化され，定性的，定量的な検討結果が得られると，スマートセンシングとはなかなか面白いな，とニヤリとするものがある。

さて，ここからがもう一つの本題だが，このようなデータの収集と解析の過程で個人のプライバシーは侵されないだろうか。照明電力のフロアごと，時間帯別の年平均値からでもこれだけの情報が得られるのである。時間や場所をより細かく区切って調査を行ったり，人感センサをはじめとした他のセンサや，各種セキュリティシステムの情報を含めたりすると，個人の特定や追跡が可能になってしまうかもしれない。深夜研究室に残留している学生が真面目に研究しているのか，それとも遊んでいるだけなのか，知らないほうが幸せな現実が判明してしまうかもしれない。もちろん，東京電機大学においては，これらの情報は施設の利用傾向を見定め，省エネルギー化を達成するためのみに用いられているが，今後の社会全体でみれば，スマートセンシングがプライバシーや個人情報に関するトラブルと無縁であるとは言いきれない。

昨今，ビッグデータとして収集，解析することを目的とした電子マネーなどの利用データが，匿名情報であるにもかかわらず，個人情報の特定，追跡に繋がるとして問題視する流れもあり，様々な議論を呼んでいる[2]。また，ネットワーク接続機能を有した防犯カメラやコピー機が，ネットワークを通して外部から閲覧可能な状態になっていたことなどもたびたび報道されている[3],[4]。スマートセンシングでは，多数のセンサを高度な情報処理・通信機能と共に運用するため，将来，同様のトラブルが起こる可能性がある。収集されたデータの悪用を恐れてスマートセンシングが敬遠されるのは本末転倒であるし，一方で，公共の施設や地域を対象としたスマートセンシングでは，センシング対象が個人ではないため情報収集の拒否は困難である。

個人情報保護法が施行されて久しい今でも，収集されたデータが目的外に利用されたり，不用意にまたは悪意を持って流出したりして問題となった例が多数報道されている。スマートセンシング社会の到来を見据え，一刻も早い法整備が必要であるとともに，我々の情報に対する意識改革もより一層進める必要がある。高速道路のスピード違反自動取締カメラの例ではないが，「ス

マートセンシング実施区間！プライバシー注意」などという無粋な看板が乱立する社会にならないことを願うばかりである。

参考文献

(1) 石井慎也　他：東京電機大学東京千住キャンパスの省 CO_2 実現に向けた取組み　その23 サブシステムと連動するBEMSの導入効果と多面的なエネルギー評価の検討，空気調和・衛生工学会学術講演論文集，平成27年(1)，pp.409-412 (2015)
(2) 石井夏生利：防災基礎講座 ビッグデータと個人情報保護，そんぽ予防時報，Vol.258, pp.8-11 (2014)
(3) 大阪府WEBページ，防犯カメラ設置をお考えの方に：
http://www.pref.osaka.lg.jp/chiantaisaku/higaibousi/ryuuiten.html
(4) Insecam, World biggest online cameras directory : http://www.insecam.org/

第4章 人体に関わるケミカルセンシング

4.1 はじめに

外山　滋*

　本章では幅広く個人の生活の場におけるケミカルセンシングについて取り上げる。ケミカルセンシングは狭義には化学的手段によって対象を測定することを意味する。ここで述べる化学的手段とは，化学反応を利用した状態変化，もしくは化学的相互作用に基づく結合を利用することを意味する。表4.1.1に個人の周辺において quality of life（QOL）の向上に役立つケミカルセンシングの測定領域と測定対象との関係について示す。主たる応用領域は福祉，医療，健康管理などになる。ただし，本章ではこの表に対応する内容を網羅的に解説するのではなく，全体としてなるべく従来とは異なるまとめ方を試み，特定の内容に絞って解説することとした。例えば，医療機器としては point of care（POC）用のセンサが micro-total analysis system（μTAS）技術の進歩に伴って進展を見せているが，この分野は多くの優れた解説記事[1]～[3]が出ているのであえて取り上げていない。一方で，本章ではこの範囲を若干逸脱する内容も含まれるので御容赦願いたい。

　全体的な構成として，本章は内容的に5つの節からなる。第2節において侵襲型・低侵襲型のデバイス，特にインプランタブルなデバイスについて解説した。次に第3節においては，近年注目を浴びている人体から放出されるガス・においのセンシングについて解説した。第4節では，ケミカルで非侵襲なウェアラブルデバイスとして期待される汗の成分を調べるケミカルセンサについて，やや簡単ではあるが解説した。続く第5，6節は飲食物に関するセンシングであるが，特に第5節では味覚のセンシング，第6節では食品劣化のセンシングについて解説した。

表 4.1.1　ケミカルセンシングの各測定領域における測定対象

測定領域	ケミカルセンシングの対象
体外	皮膚ガス，呼気ガス，汗，涙，尿，排泄物，唾液，皮膚からの浸出液
体内	血液，臓器内液，間質液，細胞内液
個人生活環境	飲食物

＊　Shigeru Toyama　国立障害者リハビリテーションセンター研究所　生体工学研究室長

参考文献

(1) 鈴木博章：ポイントオブケアを目指したマイクロ分析デバイス，電気学会誌，Vol.134, No.3, pp.144-147（2014）
(2) 新田英之：ナノ診断チップを用いて「その場」診断に挑む！，電気学会誌，Vol.135, No.8, pp.558-561（2015）
(3) V. Gubala, L. F. Harris, A. J. Ricco, M. X. Tan, D. E. Williams: Point of care diagnostics: status and future, *Anal Chem*, Vol.84, No.2, pp.487-515（2012）

4.2 侵襲型・低侵襲型デバイス

外山　滋*

　身体の外側に設置する非侵襲的なフィジカルセンシングは既存のセンサが小型化してきていることから大きな発展が期待されている反面，ケミカルセンシングは現状では限られた測定手段しか提供されていない。非侵襲なウェアラブルなケミカルセンサの場合，測定対象は吐息などの生体が発するガス，汗，唾液など体外に出る液に限られる。その一方で，侵襲的なケミカルセンシングは測定対象に直接触れ，化学反応の結果として情報の収集を行うことを原理としているため，血液，リンパ液，間質液，内臓中の内液やガスなどのある生体の内部においてより活躍の場が多いものと思われる。

　4.2 節では，生体内でのセンサを中心に記述するが，センサ単体では生体外との情報の交換ができないばかりでなく電源の供給方法も限られるため，それらを支える様々な仕組みが必要となる。そうした周辺技術についても解説を行う。また，厳密な意味ではケミカルセンサとは言えないが，生体内に入れる電極も体内で化学的に安定的に電流や電位を計測する必要があることから，ケミカルセンサに準ずるものとしてここで取り上げることとした。体内への埋め込みあるいは挿入と言った形で用いる電子機器は，かなり以前より実用化されているものもある一方，これからの発展が期待できるものとがある。図 4.2.1 に各種人工デバイスとそれが挿入もしくは埋め込まれる身体部位との関係を示す。人工心臓，ペースメーカー，植え込み型除細動器 (implantable cardioverter defibrillator: ICD)，人工内耳，骨導インプラント，体内埋込型 radio frequency identifier (RFID) などは既に実用化されている。低侵襲なものとしては，短期間経皮的に留置するタイプの血糖計が実用化されている。また，人工視覚，侵襲型 brain machine interface (BMI) などはまだ研究段階であるが，将来の実用化が切望される分野である。さらに侵襲型電子機器の対象は人間ばかりではなく，動物でも人間に対する応用とは異なる形での実用化あるいは研究がなされている。

　ウェアラブルデバイスは身につけて使用する機器のことであるが，狭義には身体の外に取り付けるものである。身につけるデバイスとしては古くは腕時計や万歩計があるが，近年になって特にウェアラブルデバイスと言う用語が出てきた背景には，単体で機能を有するだけでなく情報通信機能を通して外界と繋がりが出てきたからである。通信機能を有することによって，外部のデータベースの利用ができる，外部機器に記録を残せる，外部機器からデータを取り込むことができる，外部からデバイス設定のチューニングができるなどが可能となる点が従来とは異なるところである。パソコンのソフトや OS の様にインターネット等を介しての機器のファームウェアのアップデートも原理的に可能である。ことに最近は無線 LAN，Bluetooth，ZigBee など短距離の無線通信手段が急速に充実してきており，アクセスポイントを経由しての広域情報ネットワー

---

*　Shigeru Toyama　国立障害者リハビリテーションセンター研究所　生体工学研究室長

環境と福祉を支えるスマートセンシング

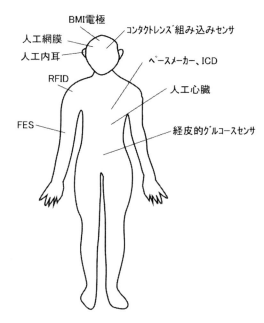

図 4.2.1　各種人工デバイスと身体部位との関係

クへの通信が容易になってきている。これにより身体からの情報を遠隔でリアルタイムにモニタリングすることが可能であり，商業ベースでも身体情報管理が進められ始めている。これは非侵襲機器に限ったことではなく，生体内に挿入した侵襲的機器でも同じことが言える。

4.2.1　健康管理のためのセンサ

身体の健康管理，あるいは手術後の経過観察などは，身体の内部における状態の測定，それもできれば連続モニタリングができると望ましい場合が多い。その代表的なものが糖尿病患者用の血糖値モニタリングシステムであり，以下に解説する。

1)　皮下留置型の連続モニタリング血糖値センサなど

糖尿病はすい臓機能の低下等により血液中のグルコースの濃度（血糖値）のコントロール機能が弱まる病気である。糖尿病が重篤になると，糖尿病網膜症，腎症，神経障害などの合併症を併発するが，血糖値を人為的にコントロールすることでその進行を抑制できると言われている。平成24年度の厚生労働省の国民健康・栄養調査の結果によれば[1]，「糖尿病が強く疑われる者」の人数は約950万人，「糖尿病の可能性を否定できない者」の人数は約1,100万人と推計されており，両者を併せると約2,050万人と推計されている。この様に予備群を含めて膨大な数の糖尿病者を抱えていることはそれに掛かる潜在的医療費の国家的な負担も膨大なものであり，一人でも多くの糖尿病の進行を食い止めることが重要である。血糖値のモニタリングは糖尿病の症状の進行を食い止めるために重要であるが，個人レベルでは血糖値モニタリングは家庭用の簡易血糖計に頼ることになる。簡易血糖計は指などから専用の道具で出血させた一滴の血液から血糖値を測

第4章 人体に関わるケミカルセンシング

定する点で低侵襲な手段である。しかし，多少なりとは言え痛みを伴う他，一日に何度も測定することが効果的であることから出血部位での皮膚の角化が起きるなどの問題がある。また，この方法では間歇的にしか血糖値がわからないので，理想的な測定手段とは言えない。

連続的な血糖値モニタリングが可能になれば血糖コントロールはより厳格にできるものと考えられる。そこで，以前より電極方式のインプランタブルなグルコースセンサ[2]～[4]の開発が試みられているが依然として実用的なレベルには至っていない。全く異なる方式として，近赤外光による非侵襲的なモニタリング方法が研究されており[5]～[7]，国外では製品化もされているが，信頼度の点などから我が国においては一般的ではない。また，低侵襲的な方法として，皮膚からの浸出液に含まれる糖の濃度をモニタリングするものが研究開発されている。特にCygnus社は腕時計型の血糖モニタリング装置を開発している[8],[9]。腕時計の裏側にはグルコースセンサの他，逆イオントフォレーシスと呼ばれる原理で強制的に皮膚から滲出液を採取するための電極を設けている。これは一種の電気浸透現象を利用するもので，皮膚に接触する電極間に電圧を加えることで皮下の細胞間の間質液に流れを与え，負極側に滲出液を出す方法である。この滲出液に含まれるグルコースをセンサで検出することで，血糖値に高い相関を持つ値を得ることができる。ただし，この方式は印加する電圧が比較的高く，不快感を与える場合があることが問題である。

さらに血糖値センサを体内に留置する方式が考えられている。その方法の一つは，留置針タイプのもので，針の中に微小な血糖値センサを埋め込み，それを腹部などで経皮的に挿入し，血糖値を連続的にモニタリングするものである。その代表的なものに，Medtronic社の製品がある。針型のセンサを有する腹部に貼り付けるタイプの小型装置に送信機が組み込まれており，そこからの信号を腰に取り付けた装置で受信し血糖値を連続モニタリングするというものである。オプションとしてさらに小型インシュリンポンプと連動するものもある。こうしたタイプのセンサは厳密には間質液中のグルコースを測定しているのだが，血糖値に比べて多少とも時間的な遅れが生じることに留意する必要がある[10]。また，グルコースと結合する蛍光色素を体内にゲルあるいはカプセル化して入れ，その発光強度から血糖値を連続的にモニタリングする方式も研究されている[11]。

他の低侵襲なモニタリングの試みとしてコンタクトレンズに血糖値センサを埋め込む試みがある。実際にPDMS製のコンタクトレンズの端の部分にフレキシブルな小型のグルコース電極が貼り合わせられたものを兎の眼球表面に載せ，涙液のグルコース濃度をモニタリングする研究が為されている[12],[13]。また，センサだけでなく，パワーマネジメントと入出力機能，ワイヤレス通信機能，LEDドライブ機能，エネルギーを蓄積するためのストレージキャパシターとを備えたCMOSチップおよびループアンテナを組み込んだコンタクトレンズも開発されており，基本動作が確認されている[14]。

2) その他の体内埋め込み型ケミカルセンサ

グルコースのみならず血液成分（pH，血中ガス濃度（pO_2, pCO_2），電解質）のリアルタイムモニタリングは医療上の重要性が大きく，古くから研究されている[15]。しかし，センサデバイ

スという異物を静脈内に挿入することによる血栓の発生などによる生体反応によってセンサ出力のドリフトの問題が指摘されている[16]。これに対し，NO を徐放する材料でコーティングすることにより生体反応を抑制することが血液成分センサの実用性の向上のための方向性の一つとして示されている[17],[18]。その他，ケミカルセンサを体内に入れる試みはいろいろと為されている。以下，トピックス的に紹介する。

　従来のプローブ型の内視鏡に代わり，最近ではカプセル内視鏡がオリンパス社[19]や Given Imaging 社[20]より市販されている他数社が開発している。超小型カメラ，電源，送信機が内蔵されており，消化器系の検査が可能になっている。これに組み込まれているケミカルセンサとしては pH センサがあり，胃食道逆流症などのモニタリングに用いられている。一方でカプセル内視鏡についてはさらに改良の余地があることから研究がなされている[21]。

　癌の診断のために生検は重要な手段であるが，その一つとして体内にコントラスト剤を入れてMRI で測定するという方法がある。しかし，その様な薬剤は体内から直ぐに消失していくので，長期にわたるモニタリングには向かない。そこで，Vassiliou らは外側にコイルを巻いた長さ 6 mm で直径 2.2 mm の筒の中にコントラスト剤をポリマーによって閉じ込めたプローブを開発している。このプローブの埋め込まれた位置におけるコントラスト剤の変化を NMR を使ってモニタリングすることができ，実際にこのプローブを生検用の針を使ってマウスの体内に埋め込み，pH や酸素濃度の変化を測定している[22]。

　原理は異なるが，皮下に埋め込まれた化学センサの出力を体外のコイルを検出器から読み取るものを Song らが開発している[23]。このセンサは超常磁性微粒子を分散させたゲルをコイルの上に敷いたもので，これを皮下に埋め込むことを想定している。ゲルが周囲の化学環境の変化（pH など）に応じて膨潤し体積変化をすることにより透磁率が変化するので，これを体外コイルによって検出する。

　なお，適応対象を動物にまで広げると，人間の場合とはまた違った応用がある。例えば，魚の体内の血糖値を測定する研究として，針状のグルコース測定用電極を背中に挿入し，有線で測定結果を外部に取り出す研究がなされている[24]。また，最近の研究では，グルコースセンサと共にワイヤレスポテンショスタットを内蔵した小型モジュールを魚の頭部に取り付け，眼球外膜内部の間質液のグルコース濃度を水槽の外部からモニタリングする試みが行われている[25],[26]。また，同様の方法で総コレステロールや乳酸の測定も試みられている[27]。

　また，飼料の栄養管理の不備の結果，乳牛の亜急性第一胃アシドーシスが発生し，これにより胃炎が多発したり，乳の分泌量が減少，あるいは繁殖成績が低下するという問題がある。これに対応するために経口的に第一胃底部に投与した pH センサによって，無線で pH をモニタリングすることが試みられている[28]。

4.2.2　身体障害者の QOL 向上を目指した体内埋め込み電極

　身体障害者の QOL 向上のために身体に埋め込む機器には研究段階のものも含めていろいろと

第4章 人体に関わるケミカルセンシング

あるが，主として感覚器の障害と，運動機能の障害とに対応するものに分けられ，神経系や筋肉との相互作用のために電極が用いられる。感覚器の障害に対応するものとしては，人工内耳や人工視覚が挙げられる。また，運動機能の障害に対応するものとしては，BMI や，筋肉の退化を防ぐためのトレーニングに用いられる functional electrical stimulation（FES）用電極などが挙げられる。ここでは，特に BMI，人工内耳，人工視覚について取り上げる。

1) BMI のための脳内埋め込み型脳波電極

BMI は，脳の活動の様子を外部からモニタリングすることにより，コンピュータを含む外部機器の操作を行うことを目的とした装置のことである（図 4.2.2）。Brain computer interface（BCI）と呼称される場合もあるが実質的な違いは無い。BMI には頭皮の外から脳波を測定する非侵襲的な方式のものが数多く試みられているが，脳活動の詳細な活動を元にした動作をロボット等にさせるには侵襲的な方式に頼ることになる。大きく分類して，硬膜下にシート型の電極（electrocorticogram: ECoG）を置いて脳の表面における電位を測定する方式と[29]，アレー状に配置されたくさび型の電極[30],[31]を大脳の皮質内に刺入することで脳細胞レベルでの活動を測定する方式のものとがある。この方式は脳活動の最も豊富な情報が得られるので，安全性の面で不安はあるもののインパクトのあるデモが可能なレベルでの成功例が出ている。既に 20 世紀末には Chapin らが 16 本の電極をラットの脳に設置し，トレーニングによりロボットアームの単純な操作をさせている[32]。また，Velliste らは猿が義手を使って餌を取る動作をさせるのに成功している[33]。また，人の場合は，Hochberg らにより 96 本の電極アレーを用いて四肢麻痺の人が画面上のカーソルを動かしたりロボティックアームを操作することに成功している[34],[35]。

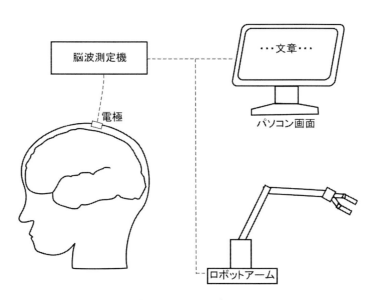

図 4.2.2 BMI の概要

2) 人工内耳

人工内耳は蝸牛の中に挿入された電極によって聴神経を直接刺激するものが主たる要素になる。システムとしては体内に埋め込む部分と体外に補聴器の様に取り付ける部分とからなる。この補聴器の様な装置にはマイクと超小型の信号処理のためのプロセッサが内蔵されており，耳の付近で拾った音が電気信号に変換され，体内外のコイルを通して信号が体内の電極に伝達される。電極はライン上に十数個ないし二十数個程度並べられており，周波数に対応して刺激電流が送られる。なお，人工内耳は歴史が古く，日本でも利用され始めてから30年近く経っている[36]。

3) 人工網膜

白内障が手術によりほぼ回復する現在，視覚障害の回復において大きな問題は網膜あるいはその先の視神経あるいは脳における視覚野での障害となる。そこで，網膜，視神経[37],[38]，視覚野[39]をそれぞれ画像情報をもとに電極で刺激することにより，視覚の回復を図る研究が進められている。

このうち網膜を刺激するタイプのものはさらに網膜の上側，下側，脈絡膜の上側から刺激するものに大別されている。網膜の上側から，言い換えれば硝子体と網膜との間に電極アレーを設置する方式の人工網膜は南カリフォルニア大学において古くから研究されており[40]，我が国においてもこの方式のデバイスの研究がなされている[41]。また，前者の研究を元にして最近ではSecond Sight社により直径200μmの60個の電極アレーからなるデバイスが開発されている[42]。さらに，この装置は小型カメラを搭載した眼鏡とビデオプロセッシングユニットを体外に装着し，体の内外とはコイル（体内のコイルは眼球横に設置）を通して通信する様になっている。また，体外にカメラを設置するのではなく，アレー電極と受光素子を積層させることで眼球内にシステムを一体的に埋め込むデバイスの研究も進められている[43]。網膜の下側から，すなわち視細胞と脈絡膜の間に挿入するタイプの電極の場合は，受光素子とアレー電極とが同じ面上に作製しやすいというメリットがあり，電極数の多い高密度タイプのものが作製されている[44]。脈絡膜の上側から刺激するタイプの場合は，眼球を切開する必要がないというメリットがある。この方式のものも国内外で研究されている[45]。

なお，以上で紹介した網膜刺激電極はいずれも細胞外から電気刺激を行うものであり，比較的大きな電流を流す必要がある。ところが，電極数を増やすために単一電極あたりの面積を小さくするとこの要求と矛盾することになる。そこで，細胞膜貫通型の膜蛋白質を介して電極から細胞内刺激を直接行うことを目指した研究が行われている[46]。

4.2.3 管理のためのデバイス

1) Passive integrated tag（PIT）タグ

RFIDはID情報の入ったマイクロチップ（ICタグ）とコイルを組み合わせたもので，電磁的な作用によって非接触でこのID情報を読み取ることができる様にしたコンパクトなデバイスである。既に非接触ICカードや本に貼り付けて用いる識別用のタグとして我々の生活の中で使わ

第4章　人体に関わるケミカルセンシング

れている。このRFIDの一種と言えるが，PITタグ[47]はICタグとコイルとをガラスのカプセルに埋め込んだもので，おおよそ長さ10 mm，直径2 mm程度の大きさであり，動物の体内に専用の注射器によって埋め込むことができる。目的は動物の個体識別であり，専用の読み取り装置を近づけることにより非接触で識別番号を読み取ることができる。利用は古く既に1980年代には魚のタグ付けに応用されている[48]。その後，哺乳類，鳥，爬虫類，両生類，無脊椎動物などと広く利用されている。既に製品化がなされており，日本でも販売されている。

2)　人体用RFIDタグ

PITタグは動物用であるが，VeriChipという商品名で人間の識別用に体内に埋め込むRFIDが2004年にFDAの承認を受けている。概観や使用方法はPITタグと同様である。ID情報を利用することで健康管理，特に緊急時の個人ごとの対応情報を迅速に得られるなどの用途が考えられているが，一方でプライバシーを侵害するのではないかとの倫理的な観点からの論争も多い[49],[50]。なお，RFIDタグの人体への埋め込みの応用として，生体内の病変部位の正確なマーキングにタグの埋め込みが有効であるとの立場からの研究[51]，歯の中にタグを埋め込むことによって法医学的な識別に役立てるとの立場からの研究などがある[52]。

4.2.4　侵襲型デバイスをサポートするための補助デバイス

1)　フレキシブル電極

生体に挿入する電極の基板は，物理的な生体適合性の観点から，薄くてかつ自在に変形する電極であることが望まれる。また，基板が屈曲しても，その上に形成された電極の導電性が影響を受けないことが重要である。

従前より，ポリイミドフィルム基板の上に電極パターンを形成したフレシキブル電極は産業的に多用されている。ポリイミドフィルムは耐熱性があるので，ハンダ付けが可能であるという利点がある。代表的な応用として可動部であるノートパソコンや折りたたみ式携帯電話のヒンジ部に用いられている。また，小型家電等に複数の回路基板をコンパクトに収納するために，基板どうしを接続する部分でフレキシブルなケーブルとして用いられる場合もある。ポリイミドフィルム電極は侵襲的な電極としても用いられており，例えば文献(53)などがある。また，生体との親和性が高いとされ[54],[55]，フレキシブル電極基板あるいは絶縁層としてパリレンが多用されている。パリレンは蒸着等で容易に形成できるという特徴がある[56]。

ただし，こうしたフィルムは曲げることはできても伸縮性が無いので，配線パターン以外のところでフィルムに穴をあけたりすることで擬似的に伸縮性を持たせる工夫がなされている。さらに，配線パターンもジグザグに屈曲させることで伸縮可能にしている[57]。

一方で，ストレッチャブルエレクトロニクスと呼ばれる基板となるフィルム自体に伸縮性を持たせる試みも為されており，その例としてカーボンナノチューブとゴムを用いた基板と有機半導体とを用いて高伸縮性の有機ELディスプレイなどが作製されている[58]。また，最近では皮膚表面に貼り付け，皮膚の伸縮に追随する程度に極薄の回路基板も開発されている[59]。

ストレッチャブル電極を体内に入れる場合には，さらに生体適合性や安全性が求められるが，分子透過性を有するハイドロゲルを用いることにより生体親和性の高い電極基板の作製が試みられている[60],[61]。この電極はオートクレーブ処理にも耐えられるとのことである。生体埋込デバイスの生体親和性に関しては従来より研究されており[62]，またパッケージング材料の生体適合性についても様々に調べられている[63]。フレキシブル電極に関しては様々な新材料が使われるので，それらの生体適合性についても研究の対象になってくる。例えば上記のストレッチャブル電極ではカーボンナノチューブが使われている。カーボンナノチューブの生体適合性に関しては例えば文献（64）などで議論されている。

2) 体内と体外との間の通信手段

体内に埋め込まれたデバイスは，センサであればそこからの信号の外部への取り出し，刺激用電極等であれば外部からの情報の取得をする必要がある。その手段としては無線通信の他，近赤外光を利用した通信，電磁誘導を原理とする通信などがある。

このうち無線通信の場合は既に実用化はされているものの，体内では減衰しやすいという問題があるため，高周波域では使用しにくいという問題がある。可視光よりやや波長の長い近赤外光は人体組織を比較的透過しやすいために，血流や酸素飽和度のセンシングに利用される他，体組成の簡単な分析手段として知られているが，体内に埋め込まれたデバイスの通信にも利用可能である。ただし，情報伝送可能な距離は，皮膚を介さない場合は 40 mm 以上であり，皮膚を介す場合は約 30 mm とのことである[65]。電磁誘導方式では，一対のコイルのうちの一方が体内に，もう一方が体外に設置され，同一の磁束が両コイルを貫通することで情報の伝送が行われる[66]。実際にペースメーカーのモニタリングなどに利用されている他[67]，人工内耳や人工視覚でも使われており，現時点では最も標準的な手法となっている。

また，以上の人体内外の通信とは異なるが，生体に導電性があることを利用して通信を行う人体通信がある。人体通信は，Zimmerman が実証した通信技術で[68]，人体表面と大地グラウンドとの間の電界によって通信を行うものである[69]。体表面を介して送受信を行うが，接触することで情報が伝わるので，無線通信の様に傍受されにくいなどのメリットがある。なお，人体内と外部との間の人体通信の研究も進められている[70]〜[72]。

3) 体内電源

人体に埋め込まれた機器は何らかの駆動電源が必要となる。現在のところ，ペースメーカーなどは高性能な一次電池を組み込んでいる。しかし，一次電池の寿命が尽きれば，再手術により交換が必要となる。また，人工心臓などでは比較的大きな電力を必要とすることから，外部より電源を供給する必要がある。感染防止の観点からは，経皮的なケーブルによる給電よりも，デバイスは完全埋め込みであることが望ましい。そこで，電磁的な結合を利用した給電方式が研究されている[73]。

一方，外部から電力を供給するのではなく，体内で発電をしようとする試みもある。古くは放射性物質を使用した発電もあったが，現在はその様な方式は安全性の面からも考えにくいことで

第 4 章　人体に関わるケミカルセンシング

あり，安全な方法が求められている。その代表的なものが体内のグルコースを消費する燃料電池である。こうした研究は古くから行われているが[74]~[76]，最近では西澤らが高効率なものを開発している[77],[78]。

4.2.5　課題と展望

体内に埋め込むセンサ，デバイスはウェアラブルな情報機器と一体で動作することを含めてこれから重要な領域になるものと思われるが，一方で生体への安全性や，人体への機能付加になることから倫理面での問題も解決していく必要があるものと思われる。そうした観点から，組織と埋め込みデバイスとの間で生じる生体適合性[62]，材料と生体組織の接合性[79]，身体へのセンサの機械的適合性[80]，除去手術を必要としない生体組織内でのセンサデバイスの分解性[81]，身体埋込デバイスの電磁干渉の問題[82]，MRI検査下でのインプラントの安全性[83],[84]，情報セキュリティやプライバシーの問題[85]など様々な研究が進められている。また，侵襲性の機器開発の初期段階では適切な身体組織のモデルを使って実験をする必要があることから，そうしたモデルに対する研究も必要である。

参考文献

(1) 厚生労働省ホームページ，平成 24 年国民健康・栄養調査結果の概要：
http://www.mhlw.go.jp/stf/houdou/0000032074.html
(2) E. Wilkins, M. G. Wilkins: Implantable glucose sensor, *J Biomed Eng*, Vol.5, No.4, pp.309-315（1983）
(3) D. A. Gough, J. Y. Lucisano, P. H. Tse: Two-dimensional enzyme electrode sensor for glucose, *Anal Chem*, Vol.57, No.12, pp.2351-2357（1985）
(4) X. Chen, N. Matsumoto, Y. Hu, G. S. Wilson: Electrochemically mediated electrodeposition/electropolymerization to yield a glucose microbiosensor with improved characteristics, *Anal Chem*, Vol.74, No.2, pp.368-372（2002）
(5) M. A. Arnold, G. W. Small: Determination of physiological levels of glucose in an aqueous matrix with digitally filtered Fourier transform near-infrared spectra, *Anal Chem*, Vol.62, No.14, pp.1457-1464（1990）
(6) R. Marbach, T. Koschinsky, F. Gries, H. Heise: Noninvasive blood glucose assay by near-infrared diffuse reflectance spectroscopy of the human inner lip, *Applied Spectroscopy*, Vol.47, No.7, pp.875-881（1993）
(7) M. Noda, M. Kimura, T. Ohta, A. Kinoshita: Completely noninvasive measurement of blood glucose using near infrared waves, p.1128-1128, Elsevier ltd（1995）
(8) R. T. Kurnik, B. Berner, J. Tamada, R. O. Potts: Design and simulation of a reverse

iontophoretic glucose monitoring device, *Journal of the Electrochemical Society*, Vol.145, No.12, pp.4119-4125 (1998)

(9) S. K. Garg, R. O. Potts, N. R. Ackerman, S. J. Fermi, J. A. Tamada, H. P. Chase: Correlation of fingerstick blood glucose measurements with GlucoWatch biographer glucose results in young subjects with type 1 diabetes, *Diabetes Care*, Vol.22, No.10, pp.1708-1714 (1999)

(10) D. B. Keenan, J. J. Mastrototaro, G. Voskanyan, G. M. Steil: Delays in minimally invasive continuous glucose monitoring devices: a review of current technology, *J Diabetes Sci Technol*, Vol.3, No.5, pp.1207-1214 (2009)

(11) 遠田浩司：皮下埋め込み型血糖値モニターの構築を目指したオプティカル糖センサー開発の展開, 分析化学, Vol.62, No.10, pp.903-914 (2013)

(12) M. X. Chu, K. Miyajima, D. Takahashi, T. Arakawa, K. Sano, S.-i. Sawada, H. Kudo, Y. Iwasaki, K. Akiyoshi, M. Mochizuki: Soft contact lens biosensor for in situ monitoring of tear glucose as non-invasive blood sugar assessment, *Talanta*, Vol.83, No.3, pp.960-965 (2011)

(13) 工藤寛之, 荒川貴博, 三林浩二：涙液糖モニタリング用ソフトコンタクトレンズ型バイオセンサの開発状況と将来展望, 電気学会論文誌 E, Vol.132, No.12, pp.451-454 (2012)

(14) Y.-T. Liao, H. Yao, A. Lingley, B. Parviz, B. P. Otis: A 3-cmos glucose sensor for wireless contact-lens tear glucose monitoring, *Solid-State Circuits, IEEE Journal of*, Vol.47, No.1, pp.335-344 (2012)

(15) P. Rolfe: In vivo chemical sensors for intensive-care monitoring, *Medical & biological engineering & computing*, Vol.28, No.3, pp.B34-47 (1990)

(16) M. C. Frost, M. E. Meyerhoff: Implantable chemical sensors for real-time clinical monitoring: progress and challenges, *Curr Opin Chem Biol*, Vol.6, No.5, pp.633-641 (2002)

(17) M. C. Frost, M. M. Batchelor, Y. Lee, H. Zhang, Y. Kang, B. Oh, G. S. Wilson, R. Gifford, S. M. Rudich, M. E. Meyerhoff: Preparation and characterization of implantable sensors with nitric oxide release coatings, *Microchemical Journal*, Vol.74, No.3, pp.277-288 (2003)

(18) Y. Wu, M. E. Meyerhoff: Nitric oxide-releasing/generating polymers for the development of implantable chemical sensors with enhanced biocompatibility, *Talanta*, Vol.75, No.3, pp.642-650 (2008)

(19) オリンパス社ホームページ, 小腸用カプセル内視鏡：
http://www.olympus.co.jp/jp/news/2008b/nr081014capsulej.jsp

(20) Given Imaging 社ホームページ, PillCam カプセル内視鏡システム：
http://www.givenimaging.com/jp/Our-Solutions/Capsule-Endoscopy/Pages/PillCam%20%E3%82%AB%E3%83%97%E3%82%BB%E3%83%AB%E5%86%85%E8%A6%96%E9%8F%A1%E3%82%B7%E3%82%B9%E3%83%86%E3%83%A0.aspx

(21) H. Cao, S. Rao, S. J. Tang, H. F. Tibbals, S. Spechler, J. C. Chiao: Batteryless implantable dual-sensor capsule for esophageal reflux monitoring, *Gastrointest Endosc*, Vol.77, No.4, pp.649-653 (2013)

(22) C. C. Vassiliou, V. H. Liu, M. J. Cima: Miniaturized, biopsy-implantable chemical sensor with wireless, magnetic resonance readout, *Lab Chip*, Vol.15, No.17, pp.3465-3472 (2015)

第 4 章　人体に関わるケミカルセンシング

(23) S. Song, J. Park, G. Chitnis, R. Siegel, B. Ziaie: A wireless chemical sensor featuring iron oxide nanoparticle-embedded hydrogels, *Sensors and Actuators B: Chemical*, Vol.193, pp.925-930 (2014)

(24) 矢尾板仁：バイオエレクトロニクスからバイオインターフェイス（生体情報変換）へのアプローチ, 帝京科学大学紀要, Vol.1, pp.91-103 (2005)

(25) H. Endo, Y. Yonemori, K. Hibi, H. Ren, T. Hayashi, W. Tsugawa, K. Sode: Wireless enzyme sensor system for real-time monitoring of blood glucose levels in fish, *Biosensors & bioelectronics*, Vol.24, No.5, pp.1417-1423 (2009)

(26) 遠藤英明：魚類の健康状態を知るためのリアルタイム診断の可能性, 科学・技術研究, Vol.2, No.2, pp.85-90 (2013)

(27) Y. Yoneyama, Y. Yonemori, M. Murata, H. Ohnuki, K. Hibi, T. Hayashi, H. Ren, H. Endo: Wireless biosensor system for real-time cholesterol monitoring in fish "Nile tilapia", *Talanta*, Vol.80, No.2, pp.909-915 (2009)

(28) 木村淳：無線伝送式 pH センサーを用いた乳牛の亜急性第一胃アシドーシスの診断と制御に関する研究, *Japanese Journal of Large Animal Clinics*, Vol.4, No.2, pp.51-59 (2013)

(29) T. Yanagisawa, M. Hirata, Y. Saitoh, A. Kato, D. Shibuya, Y. Kamitani, T. Yoshimine: Neural decoding using gyral and intrasulcal electrocorticograms, *Neuroimage*, Vol.45, No.4, pp.1099-1106 (2009)

(30) P. J. Rousche, R. A. Normann: Chronic recording capability of the Utah Intracortical Electrode Array in cat sensory cortex, *J Neurosci Methods*, Vol.82, No.1, pp.1-15 (1998)

(31) K. D. Wise, K. Najafi: Microfabrication techniques for integrated sensors and microsystems, *Science*, Vol.254, No.5036, pp.1335-1342 (1991)

(32) J. K. Chapin, K. A. Moxon, R. S. Markowitz, M. A. Nicolelis: Real-time control of a robot arm using simultaneously recorded neurons in the motor cortex, *Nature neuroscience*, Vol.2, No.7, pp.664-670 (1999)

(33) M. Velliste, S. Perel, M. C. Spalding, A. S. Whitford, A. B. Schwartz: Cortical control of a prosthetic arm for self-feeding, *Nature*, Vol.453, No.7198, pp.1098-1101 (2008)

(34) L. R. Hochberg, M. D. Serruya, G. M. Friehs, J. A. Mukand, M. Saleh, A. H. Caplan, A. Branner, D. Chen, R. D. Penn, J. P. Donoghue: Neuronal ensemble control of prosthetic devices by a human with tetraplegia, *Nature*, Vol.442, No.7099, pp.164-171 (2006)

(35) L. R. Hochberg, D. Bacher, B. Jarosiewicz, N. Y. Masse, J. D. Simeral, J. Vogel, S. Haddadin, J. Liu, S. S. Cash, P. van der Smagt: Reach and grasp by people with tetraplegia using a neurally controlled robotic arm, *Nature*, Vol.485, No.7398, pp.372-375 (2012)

(36) 船坂宗太郎, 湯川久美子, 高橋整, 初鹿信一, 細谷睦, 寺田俊昌：22-Channel Cochlear Implant の聴取能に関する一考察, 日本耳鼻咽喉科学会会報, Vol.91, No.2, pp.177-184,317 (1988)

(37) C. Veraart, M. C. Wanet-Defalque, B. Gerard, A. Vanlierde, J. Delbeke: Pattern recognition with the optic nerve visual prosthesis, *Artif Organs*, Vol.27, No.11, pp.996-1004 (2003)

(38) X. Chai, L. Li, K. Wu, C. Zhou, P. Cao, Q. Ren: C-sight visual prostheses for the blind, *IEEE engineering in medicine and biology magazine : the quarterly magazine of the Engineering in Medicine & Biology Society*, Vol.27, No.5, pp.20-28 (2008)

(39) W. H. Dobelle: Artificial vision for the blind by connecting a television camera to the visual cortex, *ASAIO J*, Vol.46, No.1, pp.3-9 (2000)

(40) M. S. Humayun, E. de Juan, Jr., G. Dagnelie, R. J. Greenberg, R. H. Propst, D. H. Phillips: Visual perception elicited by electrical stimulation of retina in blind humans, *Arch Ophthalmol*, Vol.114, No.1, pp.40-46 (1996)

(41) H. Sakaguchi, T. Fujikado, X. Fang, H. Kanda, M. Osanai, K. Nakauchi, Y. Ikuno, M. Kamei, T. Yagi, S. Nishimura, M. Ohji, T. Yagi, Y. Tano: Transretinal electrical stimulation with a suprachoroidal multichannel electrode in rabbit eyes, *Jpn J Ophthalmol*, Vol.48, No.3, pp.256-261 (2004)

(42) A. K. Ahuja, J. D. Dorn, A. Caspi, M. J. McMahon, G. Dagnelie, L. Dacruz, P. Stanga, M. S. Humayun, R. J. Greenberg, I. I. S. G. Argus: Blind subjects implanted with the Argus II retinal prosthesis are able to improve performance in a spatial-motor task, *Br J Ophthalmol*, Vol.95, No.4, pp.539-543 (2011)

(43) 小柳光正：埋め込み型機器による感覚の再生，日本耳鼻咽喉科学会会報，Vol.116, No.7, pp.759-766 (2013)

(44) K. Stingl, K. Bartz-Schmidt, H. Benav, D. Besch, A. Bruckmann, F. Gekeler, U. Greppmaier, A. Harscher, S. Kibbel, A. Kusnyerik: Subretinal electronic chips can restore useful visual functions in blind retinitis pigmentosa patients, *Biomed Tech*, Vol.55, pp.1 (2010)

(45) T. Fujikado, M. Kamei, H. Sakaguchi, H. Kanda, T. Morimoto, Y. Ikuno, K. Nishida, H. Kishima, T. Maruo, K. Konoma, M. Ozawa, K. Nishida: Testing of semichronically implanted retinal prosthesis by suprachoroidal-transretinal stimulation in patients with retinitis pigmentosa, *Investigative ophthalmology & visual science*, Vol.52, No.7, pp.4726-4733 (2011)

(46) 八木透：失われた視覚の再建を目指して－人工視覚，電気化学および工業物理化学，Vol.77, No.9, pp.834-837 (2009)

(47) J. W. Gibbons, K. M. Andrews: PIT Tagging: Simple Technology at Its Best, *BioScience*, Vol.54, No.5, pp.447-454 (2004)

(48) E. F. Prentice, D. L. Park: A study to determine the biological feasibility of a new fish tagging system, *Annual report of research*, Vol.1984, pp.83-19 (1983)

(49) K. R. Foster, J. Jaeger: RFID inside, *Spectrum, IEEE*, Vol.44, No.3, pp.24-29 (2007)

(50) K. R. Foster, J. Jaeger: Ethical implications of implantable radiofrequency identification (RFID) tags in humans, *The American journal of bioethics* : AJOB, Vol.8, No.8, pp.44-48 (2008)

(51) 岡田実，高畑裕美：生体内の位置検出技術，*IEICE Fundamentals Review*, Vol.18, No.1, pp.37-44 (2014)

(52) E. Nuzzolese, V. Marcario, G. Di Vella: Incorporation of radio frequency identification tag

第4章　人体に関わるケミカルセンシング

in dentures to facilitate recognition and forensic human identification, *Open Dent J*, Vol.4, pp.33-36 (2010)

(53) 加藤康広, 牧勝弘, 古川茂人, 柏野牧夫：容易かつ廉価な多チャンネル柔軟神経電極の作製法の開発, 生体医工学, Vol.46, No.5, pp.522-528 (2008)

(54) T. Stieglitz: Considerations on surface and structural biocompatibility as prerequisite for long-term stability of neural prostheses, *Journal of Nanoscience and Nanotechnology*, Vol.4, No.5, pp.496-503 (2004)

(55) T. Y. Chang, V. G. Yadav, S. De Leo, A. Mohedas, B. Rajalingam, C. L. Chen, S. Selvarasah, M. R. Dokmeci, A. Khademhosseini: Cell and protein compatibility of parylene-C surfaces, *Langmuir*, Vol.23, No.23, pp.11718-11725 (2007)

(56) 吉田裕美, 鈴木隆文, 竹内昌治：パリレン樹脂によるフレキシブル神経電極, 生産研究, Vol.55, No.6, pp.502-505 (2003)

(57) 芳賀洋一：体内で用いる医療デバイスの高機能化・多機能化 (3), エレクトロニクス実装学会誌, Vol.13, No.2, pp.156-162 (2010)

(58) 関谷毅, 染谷隆夫：ストレッチャブルエレクトロニクス, 日本ゴム協会誌, Vol.85, No.3, pp.101-106 (2012)

(59) D. H. Kim, N. Lu, R. Ma, Y. S. Kim, R. H. Kim, S. Wang, J. Wu, S. M. Won, H. Tao, A. Islam, K. J. Yu, T. I. Kim, R. Chowdhury, M. Ying, L. Xu, M. Li, H. J. Chung, H. Keum, M. McCormick, P. Liu, Y. W. Zhang, F. G. Omenetto, Y. Huang, T. Coleman, J. A. Rogers: Epidermal electronics, *Science*, Vol.333, No.6044, pp.838-843 (2011)

(60) Y. Ido, D. Takahashi, M. Sasaki, K. Nagamine, T. Miyake, P. Jasinski, M. Nishizawa: Conducting polymer microelectrodes anchored to hydrogel films, *ACS Macro Letters*, Vol.1, No.3, pp.400-403 (2012)

(61) M. Sasaki, B. C. Karikkineth, K. Nagamine, H. Kaji, K. Torimitsu, M. Nishizawa: Highly conductive stretchable and biocompatible electrode-hydrogel hybrids for advanced tissue engineering, *Adv Healthc Mater*, Vol.3, No.11, pp.1919-1927 (2014)

(62) Y. Onuki, U. Bhardwaj, F. Papadimitrakopoulos, D. J. Burgess: A review of the biocompatibility of implantable devices: current challenges to overcome foreign body response, *J Diabetes Sci Technol*, Vol.2, No.6, pp.1003-1015 (2008)

(63) Y. Qin, M. M. R. Howlader, M. J. Deen, Y. M. Haddara, P. R. Selvaganapathy: Polymer integration for packaging of implantable sensors, *Sensors and Actuators B: Chemical*, Vol.202, pp.758-778 (2014)

(64) 筒井千尋, 横井由貴子, 成田竜樹, 山崎慶子, 平田孝道：埋め込み型センサへの応用を目的としたカーボンナノチューブの生体適合性検討, 生体医工学, Vol.52, No.2, pp.113-119 (2014)

(65) 谷川大祐, 柴建次, 越地耕二, 土本勝也, 塚原金二, 巽英介, 妙中義之, 高野久輝：完全埋込型人工心臓用経皮光テレメトリシステム 3 対 3 光素子を用いた経皮光カプラの検討, 人工臓器, Vol.29, No.2, pp.315-321 (2000)

(66) W. Liu, M. Sivaprakasam, G. Wang, M. Zhou, M. S. Humayun: Semiconductor - Based Implantable Prosthetic Devices, *Wiley Encyclopedia of Biomedical Engineering* (2004)

(67) 吉野修：ペースメーカの現状と動向 植込み型デバイスにおける遠隔モニタリングシステムの最新動向, 医療機器学, Vol.81, No.5, pp.404-409 (2011)

(68) T. G. Zimmerman: Personal area networks: near-field intrabody communication, *IBM systems Journal*, Vol.35, No.3.4, pp.609-617 (1996)

(69) 品川満：人の体を伝送路とする通信技術, 映像情報メディア学会誌, Vol.63, No.11, pp.1525-1530 (2010)

(70) E. Okamoto, Y. Sato, K. Seino, T. Kiyono, Y. Kato, Y. Mitamura: Basic study of a transcutaneous information transmission system using intra-body communication, *Journal of Artificial Organs*, Vol.13, No.2, pp.117-120 (2010)

(71) E. Okamoto, Y. Kato, K. Seino, H. Miura, Y. Shiraishi, T. Yambe, Y. Mitamura: A new transcutaneous bidirectional communication for monitoring implanted artificial heart using the human body as a conductive medium, *Artificial organs*, Vol.36, No.10, pp.852-858 (2012)

(72) 柴建次, 榎直通：体内深部に埋めた医療電子デバイスからの無線情報伝送方法の検討（<特集> 第 23 回「電磁力関連のダイナミクス」シンポジウム), 日本 AEM 学会誌, Vol.20, No.1, pp.97-105 (2012)

(73) 松木英敏：ワイヤレス給電技術の動向 医療機器へのワイヤレス給電, エレクトロニクス実装学会誌, Vol.13, No.6, pp.427-430 (2010)

(74) N. Mano, F. Mao, A. Heller: A miniature biofuel cell operating in a physiological buffer, *Journal of the American Chemical Society*, Vol.124, No.44, pp.12962-12963 (2002)

(75) E. Katz, I. Willner: A biofuel cell with electrochemically switchable and tunable power output, *Journal of the American Chemical Society*, Vol.125, No.22, pp.6803-6813 (2003)

(76) M. Rasmussen, S. Abdellaoui, S. D. Minteer: Enzymatic biofuel cells: 30 years of critical advancements, *Biosensors & bioelectronics*, Vol.76, pp.91-102 (2016)

(77) T. Miyake, K. Haneda, S. Yoshino, M. Nishizawa: Flexible, layered biofuel cells, *Biosensors & bioelectronics*, Vol.40, No.1, pp.45-49 (2013)

(78) T. Miyake, S. Yoshino, T. Yamada, K. Hata, M. Nishizawa: Self-Regulating Enzyme - Nanotube Ensemble Films and Their Application as Flexible Electrodes for Biofuel Cells, *Journal of the American Chemical Society*, Vol.133, No.13, pp.5129-5134 (2011)

(79) 塙隆夫：材料と生体組織との接合, 表面技術, Vol.63, No.12, pp.733-738 (2012)

(80) K. L. Helton, B. D. Ratner, N. A. Wisniewski: Biomechanics of the sensor-tissue interface-effects of motion, pressure, and design on sensor performance and the foreign body response-part I: theoretical framework, *J Diabetes Sci Technol*, Vol.5, No.3, pp.632-646 (2011)

(81) S. K. Kang, R. K. Murphy, S. W. Hwang, S. M. Lee, D. V. Harburg, N. A. Krueger, J. Shin, P. Gamble, H. Cheng, S. Yu, Z. Liu, J. G. McCall, M. Stephen, H. Ying, J. Kim, G. Park, R. C. Webb, C. H. Lee, S. Chung, D. S. Wie, A. D. Gujar, B. Vemulapalli, A. H. Kim, K. M. Lee, J. Cheng, Y. Huang, S. H. Lee, P. V. Braun, W. Z. Ray, J. A. Rogers: Bioresorbable silicon electronic sensors for the brain, *Nature*, Vol.530, No.7588, pp.71-76 (2016)

(82) 安部治彦：2. デバイスの電磁干渉, 循環制御, Vol.34, No.1-3, pp.13-21 (2013)

(83) H. Muranaka, T. Horiguchi, S. Usui, Y. Ueda, O. Nakamura, F. Ikeda: Dependence of RF heating on SAR and implant position in a 1.5T MR system, *Magnetic resonance in medical sciences : MRMS : an official journal of Japan Society of Magnetic Resonance in Medicine*, Vol.6, No.4, pp.199-209 (2007)

(84) 小林昌樹, 小林正人, 染野竜也, 内山弘実, 小野祐樹：MRI 検査におけるインプラントと体内外金属物質の情報集約, 日本放射線技術学会雑誌, Vol.67, No.10, pp.1314-1319 (2011)

(85) M. Rushanan, A. D. Rubin, D. F. Kune, C. M. Swanson: SoK: Security and privacy in implantable medical devices and body area networks, p.524-539, IEEE (2014)

4.3 人体から放出されるガス・においのセンシング

原　和裕[*]

　皮膚ガスあるいは呼気ガスとして人体から放出されるガス・においは，その人の健康状態やさまざまな疾病を反映している。これを検出することにより健康状態のモニターや疾患の早期発見を行う研究開発が活発化している。そこで，ここでは最近の動向について紹介する。

4.3.1　皮膚ガスとそのセンシング
1)　皮膚ガスとは

　皮膚から放出されるさまざまな種類のガスを皮膚ガスと呼び，その種類は数100種類に及ぶ。代表的なものを取り上げると，人体の細胞の代謝に伴い排出される二酸化炭素（CO_2）や汗などから蒸発する水蒸気（H_2O）の他，一酸化窒素（NO），一酸化炭素（CO），アセトン，メタン，エタン，水素（H_2），エチレン，アンモニア（NH_3），香水として用いられるゲラニオール，シトロネオール，リナロールや，ニンニク臭の成分であるアリルメチルスルフィド等も検出されている[(1)]。

　これらの他に，皮膚からの吸収あるいは呼吸を通して体内に取り込まれた各種のガス成分が皮膚から放出されることもある。また，皮膚ガスには，汗腺から出る汗や皮脂腺からでる皮脂を原因とするにおい，すなわち，体臭もある。これらは，皮膚に常駐する表皮ブドウ球菌，黄色ブドウ球菌，真菌等の常在菌が関与している。たとえば，通常の状態で多数を占める表皮ブドウ球菌は，皮脂や汗から脂肪酸を作り出すが，悪臭とはならない。しかし，黄色ブドウ球菌や真菌は，皮脂や汗から悪臭となる脂肪酸を作り出し，アンモニアや，インドール，スカトール，アミン類，硫化水素等の悪臭を作り出す。また，体臭のうち，加齢に伴って多くなる成分を加齢臭と言う。これらには，ノネナール，ペラルゴン酸，ジアセチル，イソ吉草酸等の悪臭がある。一方，皮膚に付着した香水や各種の化粧水，その他の付着物から放出されるにおい・ガスは皮膚ガスには含めないが，測定の際にこれらが取り込まれることもある。

　最近，健康状態や疾病を反映した各種のガスが皮膚から放出されることが分かってきたため，これらの検出に関心が集まっている。とりわけ，皮膚ガスによる健康状態や疾患の早期発見への期待が高まっており，これを目的とした研究が活発化してきた。皮膚ガスは血液と比べて採取が容易であり，被験者の痛みや心理的苦痛が少ない。また，非侵襲的であるため，血友病患者のような採血そのものが危険である患者にも安全に適用できる。そのため，血液検査に代わる疾患の診断法として普及することが期待されている。また，自己健康管理や疾患の長期モニタリングに利用できる可能性がある。

　しかし，同じ疾患を患っていても，放出されるガス・においの量は年齢，時間帯，食事，その

---

*　Kazuhiro Hara　東京電機大学　工学部　電気電子工学科　教授

第4章　人体に関わるケミカルセンシング

時々の体調によっても変化し，さらに，個人によっても異なる。このため，血液検査や尿検査などと違って，測定値から疾患の程度を直接求めることは困難である点に注意する必要がある。また，一般に，一つのガス・においが単一の疾患に対応していることは少なく，他の複数の疾患により増加する場合と減少する場合とがあるため，測定値の正常値のずれからだけでは，疾患を特定することは困難である。しかし，より多くの成分を同時測定することにより，精度のよい診断法となる可能性があり，疾病のマーカーあるいはスクリーニングのために利用できる可能性もある。一方，個人により皮膚ガスが異なることを利用して，生体個人認証に利用しようという研究もされている。

2) 皮膚ガスと健康状態・疾病との関係

皮膚から一酸化窒素が放出されることが明らかになっている[2]。一酸化窒素は，内皮細胞，上皮細胞，血液中の好中球，自立神経などで発生し，指先などの血管が多く集まっているところでは，多く放出される。一酸化窒素は，運動負荷，喫煙，低酸素症，過呼吸等に伴って変化することと，血圧との相関を持つことが明らかになっている。さらに，体内で神経伝達に用いられ，血小板凝集の防止，血管拡張の役割もある。一方，呼吸器の疾患や炎症等により増加することが分かっている。したがって，皮膚から放出される一酸化窒素を計測すれば，疾患や炎症を知ることができる可能性がある。

皮膚からアセトンが検出されるが，放出される量は，糖尿病患者で多くなることが知られている。したがって，アセトンの放出量から糖尿病の疾患の程度を計測できるのではないかとの期待が高まっている。しかし，放出量と血液検査による血糖値（グルコース濃度）との間に相関はあるが，直線的な関係ではないため，アセトンの放出量から血糖値を直接求めることはできない。なお，イソプレン，一酸化炭素等のガス成分の量が血糖値との相関が強いことが見いだされているので，今後の研究により，血糖値と相関性が強い皮膚ガス成分が明らかになれば，血液検査に代わる血糖値の計測法として普及する可能性がある。一方でアセトンは，脂肪代謝の結果としても放出される。すなわち，運動により増加することが明らかになっている。また，ダイエット等により食事制限を行うと，糖質の代わりに体内脂肪が代謝され，アセトンが放出される。このため，運動量が適切かどうかの判定や，ダイエット効果のモニタリングに使用される[3]。

飲酒後，アルコールは胃から血液中に取り込まれて皮膚に運ばれ，皮膚ガスとして検出される。したがって，アルコールの検出量から飲酒の検出ができる。また，飲酒後しばらく経つと，アルコールが肝臓で分解されて生じるアセトアルデヒドも検出される。しかしアセトアルデヒドの量は，個人差が大きいという結果が得られている。これは，酒に対する体質を反映していると考えられる。したがって，飲酒後のアセトアルデヒドの検出量から，酒に強いか弱いかの判定ができると考えられる。

皮膚からアンモニアが放出される。アンモニアは，消化活動に伴い腸内で発生し，血流によって皮膚に運ばれ，皮膚ガスとして排出される。その量は，慢性肝炎および腎不全の患者から多く放出されるとの報告があり，慢性肝炎および腎不全の診断に利用できるのではないかと期待され

ている。

　皮膚から一酸化炭素が検出される。一般に、一酸化炭素はガス中毒や喫煙状況の指標となる。一方、微量の一酸化炭素は人体に対して、抗炎症作用を持つことが知られ、また、糖尿病などにより引き起こされる酸化ストレスの指標となり得るため、これらとの関係が注目されている[4]。

　一部の癌患者の皮膚からジメチルトリスルフィドやホルムアルデヒドが検出されるという報告がある。このことからジメチルトリスルフィドやホルムアルデヒドが癌の早期発見につながるマーカーとして利用される可能性があり、研究の進展に関心が高まっている。

　同様に、ノナナールが肺癌患者の皮膚ガスから多く検出されるという報告もある。したがってノナナール放出量から肺癌の早期検診ができる可能性がある。

　皮膚から、体臭、あるいは、加齢臭と総称される各種のガス・においが放出される。これらは疾病との直接的な関連は薄いが、近年、人々の関心が高まっており、それらの定量的な計測が必要になってきている。

　一方、医薬品の代謝を調べるための研究も行われている。一例として、ラットへの抗癌剤シクロスポリン、タキソールの投与後、ラットの尾から皮膚ガスの変化として検出されたとする研究報告がある。また、パーキンソン病治療薬のL-ドーパの投与後の皮膚ガス測定も行われている。

　また、労働環境や居住環境と皮膚ガスとの関連についても研究されている[1]。例えば、皮膚ガス中の2-エチル-1-ヘキサノール、トルエン、ベンゼン、キシレンが被験者の労働環境の影響を受けていることが示唆されている。一般住宅においても、防虫剤に含まれるp-ジクロロベンゼンが呼吸により被験者に取り込まれ、皮膚ガスとして放出されたと考えられるケースがある。また、リモネン、α-ピネン、β-ピネン、メントール等のテルペン類も皮膚ガスとして検出されるケースもある。これらは香料や医薬品の成分として含まれており、皮膚からの吸収や揮発した成分の呼吸による取り込み後、皮膚ガスとして放出したものと考えられている。

　また、皮膚ガスと食生活の関連についても研究されている。たとえば、日本人と韓国人のアセトアルデヒドの放出量の違いを計測し、その放出量が食文化の違いにより生じているとする研究報告もある[5]。

3) 皮膚ガスの検出方法

　皮膚ガスは、一般にppbレベルからppmレベルの微小量であることが多いので、捕集袋等を用いて、一定時間捕集された後、分析装置やセンサで測定されることが多い。捕集の部位は手の平や指先、首筋など、それぞれのガス・においについて選択される。最近では、捕集袋の代わりに、捕集剤や吸着剤に捕捉する方法も開発されている。

　どのような分析装置やセンサが用いられるかは、対象とするガスの種類やその濃度により異なる。代表的な皮膚ガスと現在用いられている計測法、健康状態や疾病との関連を表4.3.1に示す。

　一般に、ppbレベルの低濃度ガスを検出するためには、ガスクロマトグラフィー法、あるいは、化学発光法が用いられる。しかし、前者は、装置が大型で高価である。また、リアルタイムで結果を得ることができず、計測値を得るまで時間を要し、測定に熟練が必要な場合もある。後者も、

第4章　人体に関わるケミカルセンシング

表 4.3.1　代表的な皮膚ガスと計測法，健康状態や疾病との関連

皮膚ガス	計測法	健康状態や疾病との関連
一酸化窒素	Saltzman 吸光光度法，化学発光法	喘息等の呼吸器疾患
アセトン	半導体式ガスセンサ	糖尿病，脂肪代謝
エチルアルコール	電気化学式センサ	飲酒
アセトアルデヒド	電気化学式センサ	飲酒，食物
アンモニア	電気化学式センサ，レーザー分光法	慢性肝炎，腎不全
一酸化炭素	電気化学式センサ，燃焼触媒型センサ	喫煙
ジメチルトリスルフィド	ガスクロマトグラフィー法	癌
ホルムアルデヒド	ガスクロマトグラフィー法	癌
ノナナール	ガスクロマトグラフィー法	肺癌
イソ吉草酸	ガスクロマトグラフィー法	加齢
2-ノネナール	ガスクロマトグラフィー法	加齢
ペラルゴン酸	ガスクロマトグラフィー法	加齢
ジアセチル	ガスクロマトグラフィー法	加齢
2-エチル-1-ヘキサノール	ガスクロマトグラフィー法	労働環境
トルエン	ガスクロマトグラフィー法	労働環境
ベンゼン	ガスクロマトグラフィー法	労働環境
キシレン	ガスクロマトグラフィー法	労働環境
p-ジクロロベンゼン	ガスクロマトグラフィー法	一般住宅における防虫剤の使用
テルペン類	ガスクロマトグラフィー法	香料，医薬品の使用

装置が大型で高価である。一方，ppm レベルでは，より簡便な半導体式ガスセンサ[6]，電気化学式センサ[7]，熱電式センサ[8],[9]，水晶振動子を用いた QCM（Quartz Crystal Microbalance）センサ[10]，光学的化学センサ[11]が用いられる。このうち，半導体式ガスセンサは，多種多様なガス・においに対して高感度であり，小型・軽量，低価格であるため，ウェアラブルデバイスとして適している。しかし，ガスやにおいの識別能力（選択性）が劣ることが多い。このため，この欠点を解消するための努力がメーカーや研究機関で続けられている。また，熱電式センサも小型・軽量であるため，ウェアラブルデバイスとして適しているが，原理上，検知対象が可燃性ガスに限られる。

4)　皮膚ガスのスマートセンシング

皮膚アセトン測定デバイスが NTT ドコモにより開発された[3]。これは図 4.3.1 に示すように，測定デバイスを皮膚に密着させた後，空気を取り込み，多孔質材料からなる吸着材に皮膚ガスを吸着し，濃縮する。次にこれを加熱し，吸着されたアセトンを放出し，半導体式ガスセンサで測定する。このデータは Bluetooth によりスマートフォンに送られ，図 4.3.2 に示すように，スマートフォンのディスプレイ上に表示される。皮膚アセトンは脂肪の代謝により放出されるので，この測定から運動量やダイエット効果の確認に利用できるとされている。

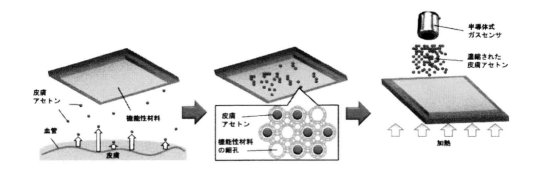

図4.3.1 皮膚ガス測定の原理[3]
(㈱NTTドコモの許可を得て掲載)

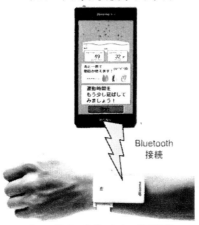

図4.3.2 皮膚ガス測定システム[3]
(㈱NTTドコモの許可を得て掲載)

4.3.2 呼気ガスとそのセンシング

1) 呼気ガスとは

呼吸に伴い放出されるさまざまな種類のガスを呼気ガスと呼び,その種類は数100種類に及ぶ。そのうち,成分比が多いものとして,空気に含まれている窒素(N_2),酸素(O_2)の他,二酸化炭素や水蒸気がある。この他に,微量成分として,水素,メタン,一酸化炭素,一酸化窒素,アセトン,アンモニア,硫化水素(H_2S),シアン化水素等がある[12]。これらの微量成分は,皮膚ガスと共通の成分も多い。なお,呼気ガスには,肺から排出されるガスの他に,消化器官,鼻

第4章　人体に関わるケミカルセンシング

や気道上部から放出されるガスや口臭も含まれる点に注意が必要である。

これらのガスの発生源を分類すると，体内の代謝によって生成されるガスと，体内の微生物によって発生するガスとがある。前者には一酸化炭素，一酸化窒素，アセトン，イソプレン，アンモニア，短鎖アルカン，トリメチルアミンなどがあり，後者には，水素，アンモニア，メタン，亜酸化窒素，メルカプタン，硫化水素，シアン化水素，インドール，スカトールなどがある[12]。

2) 呼気ガスと健康状態・疾病との関係

呼気中の酸素および二酸化炭素濃度は，基本的な代謝機能の指標となる[13]。すなわち，運動前後の呼気中の酸素および二酸化炭素濃度を測定することにより，その人の代謝能力が分かる。また，心肺機能や呼吸循環機能の検査にも用いられる。喫煙者では，酸素濃度が高く，二酸化炭素濃度が低いことが多く，このことは，呼吸の状態が悪いことを示す。また，喫煙をやめても，すぐには回復しないことが示されている。

呼気中の一酸化炭素は，一般に喫煙者では高い値を示すので，喫煙の計測に用いられる可能性がある。また，糖尿病患者の場合も，呼気中の一酸化炭素が増加する。したがって，呼気中の一酸化炭素は糖尿病のマーカーとなる可能性がある。

呼気中の一酸化窒素は，気道上皮細胞から発生し，気管支喘息の患者では増加する。したがって，一酸化窒素の測定により，気管支喘息患者の疾病の状態が測定できる可能性がある。

呼気中の硫化水素，メチルメルカプタン，ジメチルサルファイドは，口臭に含まれる代表的な成分であり，歯周病により発生する。また，大腸に生息する腸内細菌による発酵でも増加する。一方，放屁ガス中の硫化水素は大腸癌との関連も示唆されている。

呼気中の水素およびメタンは，腸内細菌によって乳糖などが分解される結果として発生する。これらのガスは血液に取り込まれ，肺から呼気中に放出される。呼気中の水素やメタンを測定することにより，消化吸収機能や腸内細菌の異常増殖等の判定ができる[12]。

呼気中のアセトンは，皮膚ガスと同様に，脂肪の代謝により増加する。すなわち，運動やダイエットの後に増加する。したがって，皮膚ガス中のアセトンと同様に，運動量やダイエット効果の判定に利用される[14]。

一方，呼気中のアセトンは，糖尿病などでも増加する。糖尿病患者では糖の代謝が正常に行われず，エネルギー源として脂質が使われるようになる。この結果，アセトンが作られ，呼気中に排出される。呼気アセトンと糖尿病との関連については，年齢等との関係も含めて，数多く報告されている[15]。しかし，皮膚ガスとして放出されるアセトンと同様に，その放出量と血液検査による血糖値（グルコース濃度）との間に，朝食前の早朝には比較的良好な相関関係は認められるが，直線的な比例関係はないため，アセトンの放出量から血糖値を直接求めることはできない。しかし，糖尿病患者の病状の長期モニタリングに使用できる可能性がある。

呼気からアンモニアが検出される。アンモニアは，腸内でたんぱく質の代謝の結果作られ，肝臓で尿素に変わり体外へ排出されるが，肝硬変などの疾病によりアンモニアの代謝が正常に行われなくなると，血中アンモニアとともに，呼気中アンモニアも増加する。したがって，アンモニ

アは，肝臓の疾病の診断に利用できるのではないかと考えられている．また，腎不全患者でも呼気中アンモニアが増加するとの研究報告がある．

癌患者では，ジメチルトリスルフィドや，ホルムアルデヒド，ノナナール，トルエン，2-エチルヘキシルアセテート，アセトアルデヒドが呼気に含まれるという研究報告がある．これらから，癌の病状のチェックや早期発見ができるのではないかという期待がされている．

また，肺癌では，ヘキサン，ヘプタン，ヘキサナールやヘプタナールを初めとする39の微量ガス成分が関係しているとする報告があり[16]～[18]，これらの検出により，肺癌の早期発見ができるのではないかと期待されている．

心臓病患者でペンタンが検出されるとの研究報告があり[19]，心臓病の病状のチェックや早期発見の可能性が考えられている．

また，統合失調症を含む神経疾患の患者では，二硫化炭素，エタン，ブタン，ペンタンが検出されるとの報告がある[20]～[21]．これらのガスを検出して，神経疾患の病状のチェックや早期発見の可能性が考えられている．

3) 呼気ガスの検出方法

表4.3.2に，様々な呼気ガスのセンシング技術と，疾患や健康状態との関連をまとめた．皮膚ガスと同様に，一般に，ppbレベルの低濃度ガスを検出するためには，ガスクロマトグラフィー法，あるいは，化学発光法が用いられる．一方，ppmレベルでは，より簡便な半導体式ガスセンサ[6]，電気化学式センサ[7]，熱電式センサ[8],[9]，水晶振動子を用いたQCMセンサ[10]，光学的化学センサ[11]が用いられる．これ以外にも，比色分析法や，導電性高分子，カーボンナノチューブ，表面弾性波，金ナノパーティクル，光ファイバを用いたセンサも研究されている[22]．

現在，呼気ガスに特化した計測器が数多く開発され，一部は市販されている．代表例は，呼気中の一酸化窒素を計測できるNIOX MINO®である[23]．この製品は，5 ppbから300 ppbの範囲の呼気ガス中の一酸化窒素を，2分以内で計測することができ，質量800 gと軽量である．喘息患者の疾患の状態をモニターするために用いられている．同様な製品として，ナイオックスVERO[24]やNObreath®[25]が市販されている．また，呼気中のエチルアルコールを検出するアルコールチェッカーや，一酸化炭素を検出するCOモニター等も市販されている．この他に，ピロリ菌を発見するための尿素呼気試験装置や，呼気中の臭気成分分析による歯周病判定装置，アセトンを分析することによる糖尿病判定装置が開発されている．また，呼気中の水素による消化吸収機能評価，アンモニアによる肝機能モニター，アセトンまたはイソプレンによる脂肪代謝の評価，一酸化炭素による血中カルボキシヘモグロビンモニター等が研究されている．

愛知県では2011-2015年度に，医工連携による研究開発プロジェクトが推進された[26]．ここでは，生体ガスセンシング機器の開発，それを活用した臨床研究の推進，呼気による健康管理・健康診断システムのマーケット開拓を探った．センシング機器開発では，水素，メタン（CH_4），一酸化炭素などのガスについてはそれぞれを選択的に検出可能な触媒方式の熱電型ガスセンサを開発し，一方，これよりも分子量の大きい揮発性高分子ガスについては，マーカーガスに特化し

第4章 人体に関わるケミカルセンシング

表4.3.2 代表的な呼気ガスと計測法，健康状態や疾病との関連

呼気ガス	計測法	健康状態や疾病との関連
酸素	ガルバニ電池式	心肺機能，呼吸循環機能
二酸化炭素	赤外線吸収法	心肺機能，呼吸循環機能
一酸化窒素	Saltzman吸光光度法，化学発光法	喘息等の呼吸器疾患，宇宙飛行士が浮遊する塵や微粒子を吸い込んだために起こる気道の炎症
アセトン	半導体式ガスセンサ，レーザー吸収分光法	糖尿病，脂肪代謝
エチルアルコール	電気化学式センサ	飲酒，糖尿病
アセトアルデヒド	電気化学式センサ	飲酒，肺癌，食物
アンモニア	電気化学式センサ，レーザー分光法	慢性肝炎，腎不全，ピロリ菌の存在
一酸化炭素	電気化学式センサ，燃焼触媒型センサ	喫煙
水素	半導体式ガスセンサ，燃焼触媒型センサ	腸内細菌の異常増殖
メタン	半導体式ガスセンサ，燃焼触媒型センサ	腸内細菌の異常増殖
ジメチルトリスルフィド	ガスクロマトグラフィー法	癌
ホルムアルデヒド	ガスクロマトグラフィー法	癌
ノナナール	ガスクロマトグラフィー法	肺癌
トルエン	ガスクロマトグラフィー法	肺癌
2-エチルヘキシルアセテート	ガスクロマトグラフィー法	肺癌他
ペンタン	ガスクロマトグラフィー法	心臓病，神経疾患
エタン	ガスクロマトグラフィー法	神経疾患
ブタン	ガスクロマトグラフィー法	神経疾患
二硫化炭素	ガスクロマトグラフィー法	神経疾患

た小型ガスクロマトグラフィーシステムの開発が行われた．臨床研究としては，熱電型水素センサを用いてボランティアの呼気水素を計測し，水素濃度と生活習慣・健康状態の相関を調べる等の実証実験が行われた．

さらに，肺がん患者，肺がん切除者，健常者の呼気ガスをガスクロマトグラフィーで分析し，肺がんと関連する数種のガスを特定することに成功して，それらに特化した小型ガスクロマトグラフィー装置の開発が図られた[27]．

一方，東芝は中赤外帯域（波長3-10μm）に発振波長を持つ量子カスケードレーザーを用いたレーザー吸収分光法を用いて，0.1 ppmレベルのアセトン等の微量ガスを検出することに成功した．この方法では，ガスクロマトグラフィー法と比べて，およそ30秒の短時間で結果が表示されるメリットがある．

^{13}C同位体を含む標識化合物を投与後に排出される呼気ガスを分析して，臨床診断に応用しようという研究が活発に行われている[28]．すでに，^{13}C-尿素呼気試験がピロリ菌の感染診断法として確立している．この他，胃排出能検査，小腸粘膜からの吸収能検査，膵外分泌能検査，代謝

能検査，小腸通過時間測定，腸内環境評価等への応用が検討されている。この方法は，^{13}C が安定同位体であるため，放射線被ばくを伴わず，取扱いが容易，副作用の心配がない，比較的安価であることなどのメリットがある。

4) 呼気ガスのスマートセンシング

産業技術総合研究所愛知のグループは，呼気ガスを測定するための小型・軽量・高感度の水素，メタン，一酸化炭素センサの開発に成功している[29]。このセンサは，これらのガスによる触媒上での接触燃焼による温度上昇を，センサデバイスに組み込まれた熱電対により測定するものであり，断熱効果の高い MEMS（Micro Electro-Mechanical Systems）技術を利用して作製している。そのため，低消費電力でもあり，ウェアラブル化に適している。センサ素子および測定装置の外観を図 4.3.3 に示す。

4.3.3 課題と展望

皮膚ガスおよび呼気ガスにどのような成分が含まれ，それぞれがどのように健康状態や疾患と関係しているかは，最近になって分かってきたことが多い。しかし，まだ不明の点も多く，皮膚ガスおよび呼気ガスから，健康診断や疾病の特定・早期発見・予知をするには，今後のさらなる医学的な研究の展開が望まれる。健康診断では，多数のガス成分を同時に分析できることが重要である。

また，小型・軽量・安価・低電力消費であり，一般の人でも簡便に使用でき，リアルタイムで

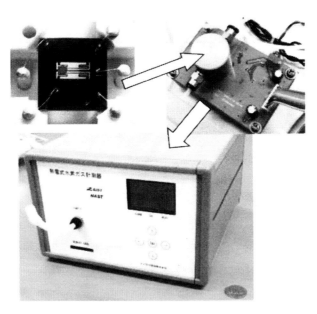

図 4.3.3　熱電式水素センサ素子（左上）を用いて開発した呼気水素濃度計測器のプロトタイプ[29]
((国研)産業技術総合研究所　提供)

第4章　人体に関わるケミカルセンシング

結果が分かり，しかも信頼性の高い計測器の開発も，重要である。このような計測器においては，高感度であるとともに，識別能力にも優れた高い性能のセンサの開発がキーポイントとなる。さらに，スマートホン等に接続できるようなウェアラブル機器が開発されれば，各人の健康状態への関心がより一層高まると同時に，疾病状態や治療効果の継続的な把握や急変の察知等に役立てることができる。また，自宅で計測した健康状態に関するデータを，医療機関にインターネットを介して送り，診断や指導を受ける遠隔医療の進展にも繋がることが期待される。

一方，不特定多数の人を対象に，疾病の早期発見や，疾病の可能性の予知を目的とした健康診断に応用するには，疾病との関連がある多種多様なガス成分を同時に，しかも，短時間に計測できるシステムの開発が重要である。この目的のために，各種のセンサアレイ[30],[31]やそれらのデータから有意な情報を得るための主成分分析を初めとする多変量解析の手法が研究されており，それらの今後の進展が期待される。

最後に，この分野の発展のためには，今後の医学的なアプローチ，工学的なアプローチとさらには両者の連携が望まれる。

参考文献

(1) 久永真央，津田孝雄，大桑哲男，伊藤宏：GC/MS によるヒト皮膚ガス中の環境由来揮発性有機化合物の測定，分析化学，Vol.61, No.1, pp.57-61（2011）
(2) T. Ohkuwa, T. Mizuno, Y. Kato, K. Nose, H. Itoh, T. Tsuda: Effects of hypoxia on nitric oxide (NO) in skin gas and exhaled air, *International journal of biomedical science*: IJBS, Vol.2, No.3, pp.279 -283（2006）
(3) 山田祐樹，檜山聡，豊岡継泰：ウェアラブル皮膚アセトン測定装置の開発と健康管理への応用，NTT DOCOMO テクニカル・ジャーナル，Vol.23, No.2, pp.74-79（2015）
(4) K. Nose, H. Ueda, T. Ohkuwa, T. Kondo, S. Araki, H. Ohtani, T. Tsuda: Identification and assessment of carbon monoxide in gas emanated from human skin, *CHROMATOGRAPHY-TOKYO-SOCIETY FOR CHROMATOGRAPHIC SCIENCES*, Vol.27, No.2, pp.63-65（2006）
(5) 高橋万葉，関根嘉香，古川英伸，浅井さとみ，宮路勇人：ヒト皮膚から放散するアルデヒド・ケトン類の受動的測定，平成24年神奈川県ものづくり技術交流会予稿（2012）
(6) 原和裕：半導体式ガスセンサおよび接触燃焼式ガスセンサ，電気学会論文誌 E（センサ・マイクロマシン部門誌），Vol.135, No.8, pp.270-275（2015）
(7) 石地徹，今屋浩志：電気化学式ガスセンサの最近の話題，電気学会論文誌 E（センサ・マイクロマシン部門誌），Vol.135, No.8, pp.276-280（2015）
(8) 西堀麻衣子，申ウソク，L. F. HOULET, 田嶌一樹，伊藤敏雄，伊豆典哉，村山宣光，松原一郎：熱電式水素センサの新しい構造デザインによる広い検出濃度領域，Journal of the

Ceramic Society of Japan, Vol.114, No.1334, pp.853-856（2006）
（9） D. Nagai, T. Nakashima, M. Nishibori, T. Itoh, N. Izu, W. Shin: Thermoelectric gas sensor with CO combustion catalyst for ppm level carbon monoxide detection, *Sensors and Actuators B: Chemical*, Vol.182, pp.789-794（2013）
（10） 野田和俊，愛澤秀信：水晶振動子を利用したセンサデバイス，電気学会論文誌 E（センサ・マイクロマシン部門誌），Vol.135, No.8, pp.292-298（2015）
（11） 林健司：光学的化学センサ，電気学会論文誌 E（センサ・マイクロマシン部門誌），Vol.135, No.8, pp.299-304（2015）
（12） 近藤孝晴：呼気ガス成分測定の医学的意義，日本機械学会第7回マイクロ・ナノ工学シンポジウム講演論文集，30am2-C-4（2015）
（13） 堀内雅弘：呼気ガス分析からみた漸減運動負荷の特徴，北海道大學教育學部紀要，Vol.64, pp.103-108（1994）
（14） 檜山聡：「バイオチップ携帯」の実現に向けたポータブル呼気アセトン測定装置の開発と応用，パーソナル・ヘルスケア～ユビキタス，ウェアラブル医療実現に向けたエレクトロニクス研究最前線～，pp.165-172, エヌティーエス（2013）
（15） 栃内圭子：糖尿病患者の呼気中アセトン濃度，口中気体中の揮発性硫黄化合物濃度および歯周病有病状態に関する研究，岩手医科大学歯学雑誌，Vol.35, No.1, pp.20-28（2010）
（16） M. Phillips, K. Gleeson, J. M. B. Hughes, J. Greenberg, R. N. Cataneo, L. Baker, W. P. McVay: Volatile organic compounds in breath as markers of lung cancer: a cross-sectional study, *The Lancet*, Vol.353, No.9168, pp.1930-1933（1999）
（17） G. Peng, U. Tisch, O. Adams, M. Hakim, N. Shehada, Y. Y. Broza, S. Billan, R. Abdah-Bortnyak, A. Kuten, H. Haick: Diagnosing lung cancer in exhaled breath using gold nanoparticles, *Nature nanotechnology*, Vol.4, No.10, pp.669-673（2009）
（18） A. Mashir, R. A. Dweik: Exhaled breath analysis: the new interface between medicine and engineering, *Advanced powder technology: the international journal of the Society of Powder Technology, Japan*, Vol.20, No.5, pp.420-425（2009）
（19） Z. W. Weitz, A. J. Birnbaum, P. A. Sobotka, E. J. Zarling, J. L. Skosey: High breath pentane concentrations during acute myocardial infarction, *The Lancet*, Vol.337, No.8747, pp.933-935（1991）
（20） M. Phillips, M. Sabas, J. Greenberg: Increased pentane and carbon disulfide in the breath of patients with schizophrenia, *J Clin Pathol*, Vol.46, No.9, pp.861-864（1993）
（21） M. Phillips, G. A. Erickson, M. Sabas, J. P. Smith, J. Greenberg: Volatile organic compounds in the breath of patients with schizophrenia, *J Clin Pathol*, Vol.48, No.5, pp.466-469（1995）
（22） Y. Adiguzel, H. Kulah: Breath sensors for lung cancer diagnosis, *Biosensors and Bioelectronics*, Vol.65, pp.121-138（2015）
（23） Aerocrine AB ホームページ，Niox Mino:
http://www.niox.com/en/about-niox-products/NIOX-MINO/
（24） チェスト株式会社ホームページ，お知らせ：
http://www.chest-mi.co.jp/info/

(25) Bedfont Scientific Ltd ホームページ, NObreath: http://www.bedfont.com/shop/nobreath/nobreath-feno-monitor
(26) 申ウソク, 近藤孝晴, 佐藤一雄：健康管理のための呼気ガスセンシングシステムの開発, 日本機械学会第7回マイクロ・ナノ工学シンポジウム講演論文集, 30am2-C-5 (2015)
(27) 瀬戸口泰弘, 伊藤敏雄, 三輪俊夫, 申ウソク：呼気ガス分析用簡易型ガスクロマトグラフィ装置, 日本機械学会第7回マイクロ・ナノ工学シンポジウム講演論文集, 30am2-C-7 (2015)
(28) 中田浩二, 川崎成郎, 仲吉朋子, 羽生信義, 柏木秀幸, 矢永勝彦：^{13}C 呼気ガス診断の臨床応用—その現状と展望—, *Radioisotopes*, Vol.56, No.10, pp.629-636 (2007)
(29) 伊藤敏雄, 永井大資, 申ウソク：ガスセンサによる健康管理のための本格研究−呼気分析用のセンサデバイス開発, 産総研 TODAY, Vol.13, No.5, pp.12-13 (2013)
(30) 中本高道：アレイ型ガス・匂いセンサ, 電気学会論文誌 E（センサ・マイクロマシン部門誌）, Vol.135, No.8, pp.281-286 (2015)
(31) C. Di Natale, R. Paolesse, E. Martinelli, R. Capuano: Solid-state gas sensors for breath analysis: a review, *Anal Chim Acta*, Vol.824, pp.1-17 (2014)

4.4 汗のケミカルセンシング

外山　滋*

　汗は尿，涙，唾液などとともに非侵襲的に人体から得られる液体サンプルである。そのため，血液とは異なった身体のケミカルセンシングが可能である。その一つは身体に投与された薬剤のモニタリングである。汗には，投与された薬剤そのものが代謝によらず分泌される場合がある，血液よりも長期にわたり分泌され続ける場合があるなどの特徴がある。

　汗は特定の疾患の検査にも使われる場合がある。囊胞性線維症（cystic fibrosis：CF）の診断として汗に含まれる塩素イオン濃度の検査によるものがある[1]。CFはイオンチャンネルであるcystic fibrosis transmembrane conductance regulator（CFTR）の遺伝子変異を原因とする欧米に多い疾患である。塩素イオン濃度の測定には塩素イオン選択性電極が使われる場合もある。

　汗の捕集には，フィルター紙やガーゼなどを用いた気密性のパッチが容易であるが，剥がれやすかったり十分な量を集められないなどの問題がある。また，バクテリアの繁殖によるpHの変化なども起きる。そこで，通気性のある捕集器があるが，この場合は水分が蒸散するために長時間のサンプリングでは汗の絶対量を知ることが難しく，汗に含まれる成分の絶対濃度を知ることが困難になる。そこで，ナトリウムやカリウムの量から発汗量を推定することが試みられている[2]。その他，微小金属の検出，エタノールの検出，汗を用いたメタボロミクス，ゲノミクス，プロテオミクスに関する多岐にわたる解説が文献（3）になされている。

　従来から，採取された汗をガスクロマトグラフィー質量分析計（gas chromatography mass spectroscopy analysis: GC-MS），液体クロマトグラフィー質量分析計（liquid chromatography mass spectrometry: LC-MS），イオン選択性電極などを用いてバッチで測定する研究が多いが，近年は，皮膚に貼り付けるパッチにケミカルセンサを組み込む研究が進んでいる。そうしたセンサの検出対象としては，pH[4]～[6]，塩素イオン[7]，ナトリウムイオン[8],[9]，アンモニウムイオン[10]，酸素[11]，尿酸[12]，乳酸[13],[14]，亜鉛[15]などがある。

　センサのタイプとしては，イオン選択性電極[8],[10],[16]，ion sensitive field effect transistor（ISFET）[9]，色素の変色のフォトセンサによる検出[4]～[6]，酵素センサ[13],[14]など数種の方式がある。また，皮膚上に固定しなければならないことから，様々な工夫がされており，バンドを使って身体に固定する方式，粘着性のテープでセンサを皮膚上に貼る方式[8]，センサそのものに伸縮性がありそのまま皮膚に貼り付けるものなどが開発されている[17]。また，汗が直接の対象ではないがデバイスとしてほぼ似たものに，傷口のpHを測定する絆創膏型のセンサが開発されている[18]。

　ストレッチャブルなセンサの究極的なものとして，Wangらの研究グループはスタンプ等の転写によってカーボンを主原料とする電極を皮膚の上に直接に形成するタトゥー（tattoo）センサ

＊　Shigeru Toyama　国立障害者リハビリテーションセンター研究所　生体工学研究室長

第4章 人体に関わるケミカルセンシング

を開発している[12],[14],[19]。皮膚の伸縮に対応する他，洗浄にも一定の耐久性を示すという優れた特徴を持っており，今後の更なる展開が期待される。

参考文献

(1) V. A. LeGrys, J. R. Yankaskas, L. M. Quittell, B. C. Marshall, P. J. Mogayzel, Jr., F. Cystic Fibrosis: Diagnostic sweat testing: the Cystic Fibrosis Foundation guidelines, *J Pediatr*, Vol.151, No.1, pp.85-89 (2007)

(2) B. M. Appenzeller, C. Schummer, S. B. Rodrigues, R. Wennig: Determination of the volume of sweat accumulated in a sweat-patch using sodium and potassium as internal reference, *Journal of Chromatography B*, Vol.852, No.1, pp.333-337 (2007)

(3) A. Mena-Bravo, M. D. Luque de Castro: Sweat: a sample with limited present applications and promising future in metabolomics, *J Pharm Biomed Anal*, Vol.90, pp.139-147 (2014)

(4) S. Coyle, D. Morris, K.-T. Lau, D. Diamond, F. D. Francesco, N. Taccini, M. G. Trivella, D. Costanzo, P. Salvo, J.-A. Porchet: Textile sensors to measure sweat pH and sweat-rate during exercise, p.1-6, IEEE (2009)

(5) M. Caldara, C. Colleoni, E. Guido, V. Re, G. Rosace: Optical monitoring of sweat pH by a textile fabric wearable sensor based on covalently bonded litmus-3-glycidoxypropyltrimethoxysilane coating, *Sensors and Actuators B: Chemical*, Vol.222, pp.213-220 (2016)

(6) V. F. Curto, C. Fay, S. Coyle, R. Byrne, C. O'Toole, C. Barry, S. Hughes, N. Moyna, D. Diamond, F. Benito-Lopez: Real-time sweat pH monitoring based on a wearable chemical barcode micro-fluidic platform incorporating ionic liquids, *Sensors and Actuators B: Chemical*, Vol.171, pp.1327-1334 (2012)

(7) J. Gonzalo-Ruiz, R. Mas, C. de Haro, E. Cabruja, R. Camero, M. A. Alonso-Lomillo, F. J. Munoz: Early determination of cystic fibrosis by electrochemical chloride quantification in sweat, *Biosensors & bioelectronics*, Vol.24, No.6, pp.1788-1791 (2009)

(8) D. P. Rose, M. E. Ratterman, D. K. Griffin, L. Hou, N. Kelley-Loughnane, R. R. Naik, J. A. Hagen, I. Papautsky, J. C. Heikenfeld: Adhesive RFID Sensor Patch for Monitoring of Sweat Electrolytes, *IEEE transactions on bio-medical engineering*, Vol.62, No.6, pp.1457-1465 (2015)

(9) A. Cazalé, W. Sant, F. Ginot, J.-C. Launay, G. Savourey, F. Revol-Cavalier, J.-M. Lagarde, D. Heinry, J. Launay, P. Temple-Boyer: Physiological stress monitoring using sodium ion potentiometric microsensors for sweat analysis, *Sensors and Actuators B: Chemical*, Vol.225, pp.1-9 (2016)

(10) T. Guinovart, A. J. Bandodkar, J. R. Windmiller, F. J. Andrade, J. Wang: A potentiometric

tattoo sensor for monitoring ammonium in sweat, *Analyst*, Vol.138, No.22, pp.7031-7038 (2013)

(11) K. Mitsubayashi, Y. Wakabayashi, D. Murotomi, T. Yamada, T. Kawase, S. Iwagaki, I. Karube: Wearable and flexible oxygen sensor for transcutaneous oxygen monitoring, *Sensors and Actuators B: Chemical*, Vol.95, No.1, pp.373-377 (2003)

(12) J. R. Windmiller, A. J. Bandodkar, S. Parkhomovsky, J. Wang: Stamp transfer electrodes for electrochemical sensing on non-planar and oversized surfaces, *Analyst*, Vol.137, No.7, pp.1570-1575 (2012)

(13) D. Khodagholy, V. F. Curto, K. J. Fraser, M. Gurfinkel, R. Byrne, D. Diamond, G. G. Malliaras, F. Benito-Lopez, R. M. Owens: Organic electrochemical transistor incorporating an ionogel as a solid state electrolyte for lactate sensing, *J. Mater. Chem.*, Vol.22, No.10, pp.4440-4443 (2012)

(14) W. Jia, A. J. Bandodkar, G. Valdes-Ramirez, J. R. Windmiller, Z. Yang, J. Ramirez, G. Chan, J. Wang: Electrochemical tattoo biosensors for real-time noninvasive lactate monitoring in human perspiration, *Anal Chem*, Vol.85, No.14, pp.6553-6560 (2013)

(15) J. Kim, W. R. de Araujo, I. A. Samek, A. J. Bandodkar, W. Jia, B. Brunetti, T. R. Paixão, J. Wang: Wearable temporary tattoo sensor for real-time trace metal monitoring in human sweat, *Electrochemistry Communications*, Vol.51, pp.41-45 (2015)

(16) T. Guinovart, M. Parrilla, G. A. Crespo, F. X. Rius, F. J. Andrade: Potentiometric sensors using cotton yarns, carbon nanotubes and polymeric membranes, *Analyst*, Vol.138, No.18, pp.5208-5215 (2013)

(17) X. Huang, Y. Liu, K. Chen, W. J. Shin, C. J. Lu, G. W. Kong, D. Patnaik, S. H. Lee, J. F. Cortes, J. A. Rogers: Stretchable, wireless sensors and functional substrates for epidermal characterization of sweat, *small*, Vol.10, No.15, pp.3083-3090 (2014)

(18) T. Guinovart, G. Valdés-Ramírez, J. R. Windmiller, F. J. Andrade, J. Wang: Bandage‐Based Wearable Potentiometric Sensor for Monitoring Wound pH, *Electroanalysis*, Vol.26, No.6, pp.1345-1353 (2014)

(19) J. R. Windmiller, A. J. Bandodkar, G. Valdes-Ramirez, S. Parkhomovsky, A. G. Martinez, J. Wang: Electrochemical sensing based on printable temporary transfer tattoos, *Chem Commun (Camb)*, Vol.48, No.54, pp.6794-6796 (2012)

4.5 味覚のセンシング

長谷川有貴[*]

4.5.1 味覚の仕組み

人間の感じる味には、甘味、苦味、酸味、塩味、旨味の5つの基本味があることが知られている。人間は、これらの味を、舌や上顎、喉の奥などに1万個近くある「味蕾」と呼ばれる味細胞の集合体によって感知している。味蕾で受容する味覚情報は、おいしさを判断する役割だけでなく、口腔内に入ってくるすべての物質をモニターし、有害物質を体内に入れないための役割を担う大変重要な感覚である。味蕾を構成する細胞は、支持細胞と味細胞（受容細胞）に分類され、それらの細胞膜は脂質二重層であるリン脂質と膜タンパク質（受容体やイオンチャネル）で構成されている（図4.5.1）[1]。味物質が、味細胞の細胞膜上にある受容体に吸着したり、イオンチャネルによって味細胞内に取り込まれたりすると、その情報が神経細胞から脳へと伝達され、味覚として認識される。

これまでに、各基本味物質に対応した受容体の存在が明らかにされており、塩味および酸味ではイオンチャネル型受容体が、苦味、甘味および旨味はGタンパク質共役型受容体と呼ばれる受容体が味覚に関与していることが明らかになっている。塩味は、ナトリウムに起因する味覚であり、塩味受容には上皮型ナトリウムイオンチャネルが関与している。また、酸味は水素イオンに起因する味覚であり、酸味受容体としては過分極活性化チャネルなど、複数のイオンチャネル受容体が関与している。また、苦味、甘味およびうま味に対する受容体は、細胞膜を7回貫通する領域を持つ「7回膜貫通型タンパク質」と呼ばれる膜タンパク質で、味物質が味蕾の先端にある味毛と呼ばれる微繊毛上にあるGタンパク質共役型受容体に結合することにより引き起こされると考えられており、それぞれの味物質によって異なる受容体が関与していることが明らかになっている[2]。

なお、人間の感じる味には、基本味以外にも辛味や渋味などもあるが、これらは味蕾を介して

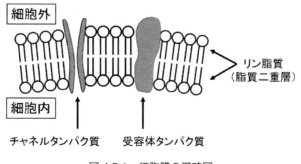

図4.5.1　細胞膜の概略図

---

[*] Yuki Hasegawa　埼玉大学　大学院理工学研究科　准教授

感知されるものではなく，どちらかといえば痛覚に近い感覚で感知されることから基本味とは区別される。

4.5.2 味覚のセンシング

食品の製品開発では，人間が美味しいと感じる味の表現や評価が重要であるため，訓練を受けた人間（パネリスト）の味覚による「官能評価」によって行われることが一般的である。しかし，評価環境（室温，湿度，照明など）がパネリストの感覚に影響を与える場合もあり，客観的な評価が困難である場合がある。

そのため，味を数値化して客観的に評価する手法として高速液体クロマトグラフィなどの成分分析による味の定量化を試みる研究も進められてきた[3]～[5]。このような成分分析では，糖含量や栄養素の含量など，化学物質を定量化することはできるが，これらの結果は必ずしも味覚と直結していない。そこで，人間の感じる味として表現することを目的とした味覚センサの開発が進められている。ここでは，現在開発されている味覚センサについていくつか紹介する。

1) 人工脂質膜センサ

九州大学の研究グループと㈱アンリツによる共同研究により，1993年に世界で初めて味覚センサの実用化に成功したのが，人工脂質膜センサである[6]。このセンサは現在，㈱インテリジェントセンサーテクノロジーより販売されている味認識装置「TS-5000Z」に搭載されている。感応膜材料に用いられている人工脂質膜は，人間の細胞膜にあるイオンチャネルや受容体の役割を果たすタンパク質を含まないため，人間の細胞膜の構造を正確に模倣しているわけではないが，味物質が人工脂質膜に吸着することで発生する膜電位が人間の膜電位に近いことから，味そのものを測定可能なセンサとして注目されている。

TS-5000Zでは，基準溶液に対する膜電位 V_r と，サンプル溶液に対する膜電位 V_s との差分から求められる相対値（$V_s - V_r$）と，測定サンプル溶液測定後，基準溶液で洗浄し，再び基準溶液を測定した時の膜電位 V_r' と V_r との差分から求められるCPA（Change of membrane Potential by Absorption）値（$V_r' - V_r$）によって，先味と後味の評価を可能としている。TS-5000Zによって評価可能な味覚項目と食品例一覧を表4.5.1に示す。

表にあるように，人工脂質膜センサではこれまでに，ミネラルウォーター，コーヒー，お茶などのソフトドリンクはもちろん，ワイン，ビールなどのアルコール飲料の分類や，医薬品の苦味評価などが可能であることが報告されている[7]～[9]。さらには，食育の一環として，教材化を図るなどさまざまな活用を考慮した研究開発が進められている[10]。

2) イオン選択膜センサ

4.5.1項で述べたように，人間の味認識にはイオンの流入出が深く関わっている。そのため，測定サンプルのイオン特性を評価することで味覚と同様の応答が得られると考えられる。そこで，イオン選択膜を用いた味覚センサの開発が進められた。例えば，半導体材料にさまざまなイオン選択膜を製膜することで，イオン化しやすい酸味や塩味だけでなく，非電解質である甘味の

第4章　人体に関わるケミカルセンシング

表4.5.1　TS-5000Zによって評価される味覚項目と食品例[6]

味覚項目		味の特徴	食品例
先味 (相対値)	酸味	クエン酸や酒石酸が呈する酸味	ビール，コーヒー
	塩味	食塩などの無機塩の塩味	醤油，スープ，つゆ
	旨味	アミノ酸，核酸などの旨味	スープ，つゆ，肉
	苦味雑味	苦味物質由来で，低濃度ではコクや隠し味などに相当	豆腐，スープ，つゆ
	渋味刺激	渋味物質による刺激味	果実
	甘味	糖類や糖アルコールの甘味	菓子，飲料
後味 (CPA*値)	一般苦味	一般食品に見られる後味の苦味	ビール，コーヒー
	渋味	渋味物質由来の後味の渋味	ワイン，お茶
	旨味コク	旨味物質が呈する持続性のあるコク味	スープ，つゆ，肉
	塩基性苦味	医療品などの苦味	塩基性薬物
	塩酸塩苦味	医療品などの苦味	塩酸塩薬物

＊CPA: Change of membrane Potential by Absorption（吸着による膜電位変化）の略

応答も得られるとの報告がある[11]。さらに，市販のイオン電極と組み合わせて応答値を解析することでさらなる感度向上が図れることも示されている[12]。

3）LB（Langmuir–Blodgett）膜センサ

　脂質膜センサやイオン選択膜センサは，その測定原理から，一般的に甘味に対する感度が低い。そこで，甘味の感度を有する味覚センサの開発が進められている[13]。また，甘味の中でもショ糖の甘味に比べて数百倍の甘味を有する高甘味度甘味料は，体に吸収されにくいことからゼロカロリー飲料にも使われており，その評価は大変重要であるが，含まれる濃度が少量であることから測定が困難とされてきた。そこで，高甘味度甘味料の測定を目的としたセンサの開発も進められており[14],[15]，それらの中で，LB膜と呼ばれる，脂質二重層構造を幾重にも積み重ねた構造のセンサによって基本味に対する高い感度や混合溶液に対する識別能力を持つことが報告されている[16]〜[18]。

　LB膜は，味覚センサだけでなく，化学センサ全般の感応膜などに利用可能な機能性材料の一つとして開発が進められ[19]，累積方法によってセンサ表面の親水性，疎水性が異なり，安定性にも影響を及ぼし，目的に応じて任意の膜層数や構造に累積される。LB膜の種類を図4.5.2に示

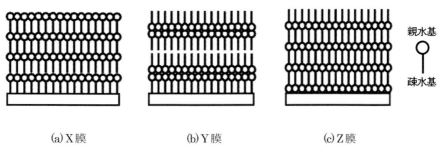

(a) X膜　　　(b) Y膜　　　(c) Z膜

図4.5.2　LB膜の種類

す。これら3種類の中で，親水基同士，疎水基同士が接触しているY膜が最も安定とされ，多くの味覚センサでこの構造が採用されている。

さらに最近では，LB膜に金属錯体を混合することで，膜の強度や安定性が向上するとともに，味覚センサとしての感度も向上することが明らかとなっており，アルコール飲料などの評価が行われている[20],[21]。

4） 近赤外分光測定によるセンシング

糖度計などでの利用が知られている近赤外分光測定は，可視光領域よりも長い波長帯で測定対象に含まれる化学物質の分子振動によって照射された光の吸収が変わることを利用した方法であり，非破壊で高速な評価が可能であることから，農産物や食品の評価などに幅広く使われている[22],[23]。

この手法も，原理的には化学物質の検出をしていることから，味そのものを測定する手法とは言えないが，果物の皮や溶液の入った容器の外から近赤外光を照射することで，測定対象に含まれる化学物質の種類や量が判別できるため，味覚センサとしての応用についても検討が進められている。例えば，モモの渋味を検知する研究[24]など，ある特定の味を検知することを目的とするもののほか，NECシステムテクノロジー（現：NECソリューションイノベータ）と三重大学と共同で味覚を備えた世界初のパートナーロボット「健康・食品アドバイザーロボット」を開発した。通称 味見ロボット／ソムリエロボットと呼ばれるこのロボットは，食品の赤外吸収スペクトル情報の解析から，特徴的な成分の有無やその含有量を推定することが可能で，ワインの評価では，得られたスペクトル情報から数種類のワインを判別することが可能となっている[25]。また，人間のソムリエと同じように，ワインに関する簡単な質問に回答すると適切な1本を選ぶという機能を搭載したことから，世界発のワインのソムリエロボット（図4.5.3）として2008年度のギネスブックにも登録されている[26]。

図4.5.3　ソムリエロボット[※1]

※1 健康・食品アドバイザーロボット（通称：味見ロボット／ソムリエロボット）は，国立研究開発法人新エネルギー・産業技術総合開発機構（NEDO）の委託を受け，NECのパーソナルロボット PaPeRo をベースに開発したロボットです。

5) 味細胞，味受容体センサ

従来の味覚センサは，人間の味覚を「模倣した」ものとして開発が進められてきたが，近年，実際に人間の味細胞や各基本味の味受容体細胞を用いたセンサの開発が進められている[27]。これによって，従来の味覚センサで長年の課題となっていた甘味の感度や，食品の安全性を考慮した苦味測定も可能なセンサが開発されるようになってきている[28],[29]。

味受容体細胞を感応部としたセンサの構造例を図4.5.4に示す。このセンサシステムは，半導体を用いたLAPS技術を応用したもので，測定溶液に接触したセンサ表面の高分子上に培養された受容体に光が照射されると，受容体で膜電位が発生し，このときの電流値を計測することで溶液に含まれる味を検知するものである。

本来，人間の味覚は細胞の膜電位の変化によって生まれているものであるため，この膜電位を計測し，さらに人間の脳と同様のデータ分析を行うことができれば，まさに，「味覚」の表現が可能となる。

4.5.3 課題と展望

ここでは，味覚のセンシング技術についてまとめた。人間の味覚に換わるセンサは，人間にとってのおいしさを表現したり，食品の毒性を検知して安全性を確保するためにも大変重要であるが，一方で，人間の感覚の中でも味覚は大変複雑な機構であり，さまざまな化学物質が混ざり合ったものの味覚を人間と同じようにセンシングする技術の確立には，まだまだ時間がかかる。また，人間の味覚は，口の中の受容体で検知した情報のみで判断されているわけではなく，食感や匂いなどの要因も深く関与するため，ガスセンサなどと組み合わせた風味をセンシングする研究開発も進められている[30]～[32]。

今後は，人間の味覚と同様の情報を検知するためにさまざまなセンサを組み合わせ，複雑化するセンサ情報をいかに解析して，味覚表現をしていくかが課題となるが，新たなアプローチも生まれており，益々の研究開発の発展が期待される。

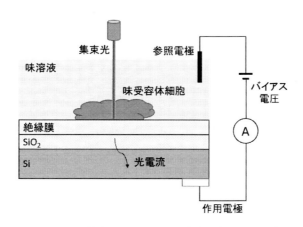

図4.5.4　LAPS技術を応用した味受容体細胞センサの構造例

参考文献

(1) 池田稔, 生井明浩：味覚の基礎と臨床についての概説, 耳鼻咽喉科展望, Vol.38, No.6, pp.762-768 (1995)
(2) 豊野孝, 瀬田祐司, 片岡真司, 豊島邦昭：味覚受容体, 顕微鏡, Vol.39, No.3, pp.168-171 (2004)
(3) 広瀬真一, 玉田重吉：茶のカテキン類の高速液体クロマトグラフィーによる定量, 茶業研究報告, Vol.1979, No.50, pp.51-55 (1979)
(4) C. Phat, B. Moon, C. Lee: Evaluation of umami taste in mushroom extracts by chemical analysis, sensory evaluation, and an electronic tongue system, *Food Chem*, Vol.192, pp.1068-1077 (2016)
(5) M. P. Saenz-Navajas, V. Ferreira, M. Dizy, P. Fernandez-Zurbano: Characterization of taste-active fractions in red wine combining HPLC fractionation, sensory analysis and ultra performance liquid chromatography coupled with mass spectrometry detection, *Anal Chim Acta*, Vol.673, No.2, pp.151-159 (2010)
(6) ㈱インテリジェントセンサーテクノロジーホームページ 味覚センサーとは？：http://www.insent.co.jp/products/taste_sensor_index.html
(7) K. Toko: Taste sensor with global selectivity, *Materials Science and Engineering: C*, Vol.4, No.2, pp.69-82 (1996)
(8) Y. Tahara, K. Toko: Electronic tongues–A review, *Sensors Journal, IEEE*, Vol.13, No.8, pp.3001-3011 (2013)
(9) 小林義和, 山口泰宏, 濱田ひかり, 池崎秀和, 都甲潔：P-085 人工脂質膜苦味センサおよび物理化学的パラメータを用いた薬物の苦味評価に関する研究（ポスターセッション, 2009年度日本味と匂学会第43回大会）, 日本味と匂学会誌, Vol.16, No.3, pp.497-500 (2009)
(10) 巫霄, 田原祐助, 鍬本一至, 栗焼久夫, 都甲潔：理科教育用味覚センサ, 電気学会論文誌 E（センサ・マイクロマシン部門誌）, Vol.135, No.2, pp.65-70 (2015)
(11) Y. Sasaki, Y. Kanai, H. Uchida, T. Katsube: Highly sensitive taste sensor with a new differential LAPS method, *Sensors and Actuators B: Chemical*, Vol.25, No.1, pp.819-822 (1995)
(12) 張文芸, 安彦剛志, 渡部俊一郎, E. A. d. Vasconcelos, 内田秀和, 勝部昭明：SPV法とイオンセンサを用いた高安定なお茶味検出, 電気学会論文誌. E, センサ・マイクロマシン部門誌, Vol.118, No.12, pp.608-613 (1998)
(13) M. Habara, H. Ikezaki, K. Toko: Study of sweet taste evaluation using taste sensor with lipid/polymer membranes, *Biosensors and Bioelectronics*, Vol.19, No.12, pp.1559-1563 (2004)
(14) 浅見哲也, 長谷川有貴, 安藤毅, 内田秀和, 谷治環：高甘味度甘味料測定のためのLB膜味覚センサの開発, 電気学会論文誌 E（センサ・マイクロマシン部門誌）, Vol.132, No.6, pp.166-171 (2012)
(15) M. Yasuura, H. Okazaki, Y. Tahara, H. Ikezaki, K. Toko: Development of sweetness sensor with selectivity to negatively charged high-potency sweeteners, *Sensors and*

Actuators B: Chemical, Vol.201, pp.329-335（2014）

(16) 菊地亮平，平田孝道，秋谷昌宏：LB 膜味覚センサを用いた混合呈味物質の識別化，電気学会論文誌 E（センサ・マイクロマシン部門誌），Vol.127, No.8, pp.382-386（2007）

(17) 長谷部智，平田孝道，秋谷昌宏：LB 膜を用いた味覚センサ混合味識別の一検討，電気学会論文誌 E（センサ・マイクロマシン部門誌），Vol.129, No.2, pp.47-52（2009）

(18) A. Riul, H. C. de Sousa, R. R. Malmegrim, D. S. dos Santos, A. C. Carvalho, F. J. Fonseca, O. N. Oliveira, L. H. Mattoso: Wine classification by taste sensors made from ultra-thin films and using neural networks, *Sensors and Actuators B: Chemical*, Vol.98, No.1, pp.77-82（2004）

(19) G. Giancane, L. Valli: State of art in porphyrin Langmuir-Blodgett films as chemical sensors, *Advances in colloid and interface science*, Vol.171, pp.17-35（2012）

(20) M. Ferreira, C. Constantino, A. Riul, K. Wohnrath, R. Aroca, J. Giacometti, O. Oliveira, L. Mattoso: Preparation, characterization and taste sensing properties of Langmuir-Blodgett Films from mixtures of polyaniline and a ruthenium complex, *Polymer*, Vol.44, No.15, pp.4205-4211（2003）

(21) 廣木守，内田秀和，長谷川有貴，長谷川美貴：LB 膜味覚センサを用いた日本酒の品質評価，電気学会論文誌 E（センサ・マイクロマシン部門誌），Vol.136, No.5（2016）in press

(22) 亀岡孝治，橋本篤：農産物・食品の赤外分光分析とその応用，農業情報研究，Vol.12, No.3, pp.167-188（2003）

(23) 山田久也，田中伸明，高田咲子：イチゴ非破壊品質測定装置の実用化，照明学会誌，Vol.93, No.5, pp.273-277（2009）

(24) 高野和夫，妹尾知憲，海野孝章，笹邊幸男，多田幹郎：近赤外分光法によるモモ果実の渋味の評価，園芸学研究，Vol.6, No.1, pp.137-143（2007）

(25) 橋本篤，亀岡孝治，島津秀雄：味見ができるロボットの開発，日本バーチャルリアリティ学会誌，Vol.18, No.2, pp.12-16（2013）

(26) Guinness World Records 2008, p.159, Guinness World Records Limited, London（2007）

(27) C. Wu, L. Du, L. Zou, L. Zhao, L. Huang, P. Wang: Recent advances in taste cell-and receptor-based biosensors, *Sensors and Actuators B: Chemical*, Vol.201, pp.75-85（2014）

(28) T. H. Wang, G. H. Hui, S. P. Deng: A novel sweet taste cell-based sensor, *Biosensors & bioelectronics*, Vol.26, No.2, pp.929-934（2010）

(29) G. Hui, S. Mi, Q. Chen, X. Chen: Sweet and bitter tastant discrimination from complex chemical mixtures using taste cell-based sensor, *Sensors and Actuators B: Chemical*, Vol.192, pp.361-368（2014）

(30) M. Cole, J. A. Covington, J. W. Gardner: Combined electronic nose and tongue for a flavour sensing system, *Sensors and Actuators B: Chemical*, Vol.156, No.2, pp.832-839（2011）

(31) S. Qiu, J. Wang, L. Gao: Qualification and quantisation of processed strawberry juice based on electronic nose and tongue, *LWT-Food Science and Technology*, Vol.60, No.1, pp.115-123（2015）

(32) R. B. Roy, A. Modak, S. Mondal, B. Tudu, R. Bandyopadhyay, N. Bhattacharyya: Fusion of

electronic nose and tongue response using fuzzy based approach for black tea classification, *Procedia Technology*, Vol.10, pp.615-622 (2013)

4.6 食品劣化のセンシング

長谷川有貴*

4.6.1 食品の劣化

果実，野菜，精肉，魚介などの生鮮食品をはじめ，多くの食品は，保存期間に応じて味，匂い，栄養素，見た目などの品質が変化していく。これが食品の劣化である。食品の劣化の主な要因として，以下の5つが挙げられる[1],[2]。

① 微生物の繁殖による腐敗，発酵
② 食品中の酵素などによる脂質やタンパク質の分解，変化
③ 酸化などの化学反応による変化
④ 乾燥などの物理的要因による変化
⑤ 野菜や果実における呼吸や蒸散など，食品自体の生理活性作用による変化

食品の劣化が進むと，おいしくないばかりか毒性を有する場合もあり，当然ながら，商品としての価値も下がる。そのため，一般的には冷蔵や冷凍などの低温下での保存によって食品の品質の変化を遅らせている。低温下では，食品本来の特性はほぼそのままで，微生物の活動，酵素の活性，酸化，乾燥を抑制し，生理活性の低下ももたらすことから，すべての要因に効果的な方法と言える。

ただし，単純な冷凍では，野菜の細胞壁やその他の食品の組織が，生成される氷結晶によって破壊されたり[3]，可溶性成分が濃縮することで変形が起こるなどの影響から食品の食感や風味が損なわれるため，長年，さまざまな食品を対象として，それぞれに適した凍結手法や，それらの手法による食品組織への影響についての検討が進められている[4]～[6]。

このように，低温下での保存によって品質が保持され，さまざまな冷凍方法についての検討が行われているが，解凍したあとなど，開封後に劣化が進むことから，劣化状態を把握する必要があり，食品劣化のセンシングが行われる。

4.6.2 食品劣化のセンシング

4.6.1項で紹介した5つの劣化要因の内，②，③については，その反応過程と風味との関連性の評価や反応過程を解明して劣化を抑制することを目的としたさまざまな研究が行われ，特に，酵素反応や酸化によって変質しやすい脂質を対象とした研究が活発に行われている。これらの食品劣化のセンシングでは，前節4.4.2項で紹介したものと同様，液体クロマトグラフィなどの化学成分分析や，味覚センサのような化学センサが用いられるほか，鮮度の指標として食品の色に着目し，画像処理によって劣化度を評価するものなどがある。

例えば，食用油は，酸化による劣化によって風味が落ちるだけでなく，毒性を有する可能性がある。食用油の酸化は，保存されている状態で進む酸化と，揚げ油に使用した際に熱酸化によっ

---

* Yuki Hasegawa　埼玉大学　大学院理工学研究科　准教授

て進む酸化があり，その酸化機構が異なることが明らかになっていることから，それぞれの劣化を評価するために，過酸化物価，油脂の酸価，カルボニル価などを指標とした方法が用いられ，さまざまな研究が行われている[7]〜[9]。

また，食糧法によって，不作による米不足の対策として備蓄米の制度があり，日本では常に150万トン程度の米が備蓄されている。備蓄米についても，低温で保存されているが，備蓄年数の経過とともに進行する劣化は避けられない。米の劣化についても，米に含まれる脂質成分が関連しており，古米臭と呼ばれる匂いの原因となる。そのため，米の劣化と貯蔵方法についての研究も行われており，官能検査や液体クロマトグラフィによる評価が行われている[10],[11]。

野菜についても，低温保存が行われるが，その劣化には，野菜の呼吸量と糖含量が影響し，糖含量の多い野菜ほど貯蔵性が良いとの報告があり，これについてホウレンソウを用いて周囲のCO_2濃度測定によって検討を行った研究では，糖含量が少ないほど呼吸量が少なくなる傾向があり，呼吸量の大小が貯蔵性に関与していることを明らかにしている[12]。

飲料の中でも，ビールの劣化については多くの研究例がある。ビールは，ウイスキーや焼酎などの蒸留酒に比べ劣化の進みが早く，製造過程から運搬され，消費者の手に渡る間にもその劣化が進むことが知られている。ビールの劣化は，ビールの原材料である麦芽に由来した物質が酸化されることによって起こり，最終的に生成されるトランス-2-ノネナールという物質が，ビールの味や風味を損なわせる原因となることが明らかになっている[13]。トランス-2-ノネナールの生成過程を図4.6.1に示す[14]。

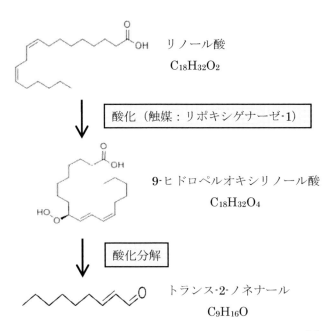

図4.6.1　ビールにおけるトランス-2-ノネナールの生成過程[14]

第 4 章　人体に関わるケミカルセンシング

　そのため，酸化を防ぐための研究が行われる他，ビールの劣化度評価として，トランス -2- ノネナールを指標とした研究が行われており，液体クロマトグラフィ[15],[16]や味覚センサを用いた評価が行われている。味覚センサによる研究では，LB 膜味覚センサを用いた研究が行われ，味覚閾値が非常に小さいトランス -2- ノネナールに対する感度を有する味覚センサが開発されている[17]。このほか，味覚センサによる研究では，トランス-2-ノネナールの検知ではなく，その経時変化から劣化を評価しようとする研究も多数行われている[18],[19]。

4.6.3　課題と展望

　世の中にはさまざまな食品があり，その食品の多くは経時と供に品質が変化し劣化する。ここでは，これまでに研究が進められている代表的な食品や飲料についての食品劣化とそのセンシングについて紹介した。多くの食品は，低温下での保存によって劣化の進行を遅らせることができるが，完全に止めることはできず，また，封を開けたり，常温に戻して使った時点から劣化は進む。そのため，劣化の進行を遅らせるだけでなく，根本的な劣化物質を生成させないための研究も進められている。

　全く劣化しない食品があったなら，それはそれで不気味ではあるし，劣化を防ぐためにさまざまな化学物質が添加され，おいしさが損なわれてしまったら本末転倒である。我々がいつでもおいしく，新鮮な状態のものを食するための研究は今後も長く続いていくと考えられる。

参考文献

(1) 食品の保存，管理に関するセンシング，In：食の安全・安心と健康に関わるセンシング調査研究委員会，editor，食の安全・安心とセンシング，pp.108-111，共立出版，東京都 (2012)
(2) 日本水産（ニッスイ）株式会社　おいしさを科学する「低温」：
http://www.nissui.co.jp/academy/taste/09/taste_vol09.pdf
(3) 高木幸子：植物性食品の冷凍・加熱における組織とペクチン質の挙動，調理科学，Vol.24, No.2, pp.150-156 (1991)
(4) 神田幸忠，青木美千代，小杉敏行：圧力移動凍結法に関する研究（第 1 報）圧力移動凍結法による豆腐の凍結とその組織，日本食品工業学会誌，Vol.39, No.7, pp.608-614 (1992)
(5) 倫．渕上：高圧力下で冷凍した食品のテクスチャーと微細構造，高圧力の科学と技術，Vol.9, No.3, pp.191-198 (1999)
(6) 吉本亮子，岡久修己，川西啓晴，山西務，豊栖佳代子，湯浅信夫，三浦喬晴，小濱京子，鷲尾方一：魚類の冷凍に対する交流電場の影響，徳島県立工業技術センター研究報告 (2011)
(7) 梶本五郎：食用油の劣化の測定法と今後の展開，*Journal of Japan Oil Chemists' Society*, Vol.47, No.10, pp.1061-1071, 1148 (1998)

(8) 高村仁知：食品の脂質劣化および風味変化に関する研究，日本食品科学工学会誌，Vol.53，No.8，pp.401-407（2006）
(9) 市川和昭，北川絵里奈：米油の劣化特性評価，名古屋文理大学紀要，Vol.13，pp.163-174（2013）
(10) 深井洋一，松沢恒友，石谷孝佑：無洗米の品質特性および貯蔵性の評価，日本食品科学工学会誌，Vol.44，No.5，pp.367-375（1997）
(11) 深井洋一，石谷孝佑：業務用ブレンド米の特性評価に関する研究（第4報）高白度とう精による古米の食味改善，日本食品科学工学会誌，Vol.51，No.6，pp.288-293（2004）
(12) 日坂弘行：ホウレンソウ貯蔵中における呼吸量，糖含量の変化と外観の劣化との関係，日本食品工業学会誌，Vol.36，No.12，pp.956-963（1989）
(13) 久．黒田：オオムギの脂質酸化酵素とビールの品質，温古知新，No.49，pp.83-90（2012）
(14) 谷川篤史：ビール造りの研究とは？，生物工学会誌：*seibutsu-kogaku kaishi*，Vol.90，No.5，pp.242-245（2012）
(15) J. R. Santos, J. R. Carneiro, L. F. Guido, P. J. Almeida, J. A. Rodrigues, A. A. Barros: Determination of E-2-nonenal by high-performance liquid chromatography with UV detection assay for the evaluation of beer ageing, *Journal of chromatography. A*, Vol.985, No.1-2, pp.395-402 (2003)
(16) B. Vanderhaegen, H. Neven, H. Verachtert, G. Derdelinckx: The chemistry of beer aging-a critical review, *Food chemistry*, Vol.95, No.3, pp.357-381 (2006)
(17) 加藤大貴，長谷川有貴，内田秀和：LB膜味覚センサを用いたビールの劣化度評価，[E] センサ・マイクロマシン部門 ケミカルセンサ研究会（2014）
(18) A. Kutyla-Olesiuk, M. Zaborowski, P. Prokaryn, P. Ciosek: Monitoring of beer fermentation based on hybrid electronic tongue, *Bioelectrochemistry*, Vol.87, pp.104-113 (2012)
(19) M. Ghasemi-Varnamkhasti, S. Mohtasebi, M. Rodriguez-Mendez, M. Siadat, H. Ahmadi, S. Razavi: Electronic and bioelectronic tongues, two promising analytical tools for the quality evaluation of non alcoholic beer, *Trends in Food Science & Technology*, Vol.22, No.5, pp.245-248 (2011)

4.7 まとめ

外山　滋*

　人体の内外は液体やガスの豊富な環境であるので，ケミカルセンサの活躍する場面が多い。ウェアラブル，あるいはインプランタブルなセンサとする場合には，物理センサと比べて人体への適合性への要求条件がより厳しいので実用化が進みにくい面もあるが，着実に研究が進んでいるので将来は日常の健康モニタリングなどに役立つ日が来ることと思われる。センシング技術と人体への取り付け技術の発展により，我々人類の生活が一層向上することを願うものである。

＊　Shigeru Toyama　国立障害者リハビリテーションセンター研究所　生体工学研究室長

コラム

究極のスマートセンサ

中川益生*

漫画「サザエさん」の連載が始まった1950年頃，53歳の磯野波平さんは子供や孫たちにかこまれて幸せに暮らしていました。現在，国連では60歳以上，日本では65歳以上を高齢者（老人）と定義していますが，1950年における日本人男性の平均寿命は58歳でしたから，今でいう老人はほとんどいなかったことになります。確かに私の子供の頃には，老後や高齢者介護の心配などは聞いたことがありませんでした。その後，生活環境や医療の進歩によって，2014年には男女の平均寿命が各々80.5と86.8歳と飛躍的に長くなりました（図1参照）。しかし，科学技術の発展によって，全てのお年寄りが本当に幸せに暮らせるようになったのでしょうか？少子高齢化が進むに伴って，福祉の充実が益々必要になってきたのが現状です。

福祉（welfare）とは幸福・健康・繁栄の意味をも含む言葉ですから，健康と共に幸せを与えることが求められます。科学技術の発展に伴ってX線CT・MRI・超音波診断装置など人体のセンシング機器は飛躍的に進歩しました。さらに皮膚に貼るウェアラブルな心電図・脳波・筋電図・体温センサ"BioStamp"がすでに$150で市販され，心臓疾患やストレス状況の把握に寄与しています。また脳に植え込んだ極細電極からの信号で義手・義足を動かし，また義手からの触

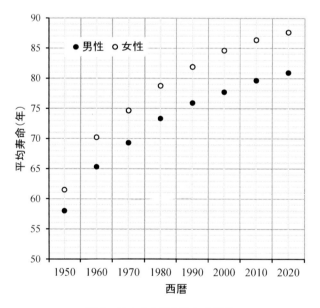

図1　日本人の平均寿命の推移
（1950-2010年は推定値厚生労働省「簡易生命表」「完全生命表」，2020年は国立社会保障・人口問題研究所「日本の将来推計人口（平成24年1月推計）」のデータを元に作成）

---

*　Masuo Nakagawa　岡山理科大学　理学部　応用物理学科　名誉教授

覚を脳にフィードバックする研究も進められてきています。このように障碍者や老人などの身体的弱者を助けるスマートセンサは次々と開発され，バラ色の未来が開けているようにも思われます。では，映画バック・トゥ・ザ・フューチャー Part2 において，タイムマシンで2015年の未来を訪れたマーティーが見た素晴らしい世界は，本当に実現したのでしょうか？ 大画面壁掛けTV，Google Glass，3Dディスプレイ，タブレットコンピュータ，自動靴紐付きスニーカーなどは確かに現実の物となりました。しかし，巷では，孤独死・介護殺人などの悲惨な事件が報道されているのが現実です。

ここで，本当の福祉について考えるために過去に戻り，御伽草子の昔を振り返ってみましょう。おとぎ話には何故かお爺さんとお婆さんが多く登場します。例えば，桃太郎，一寸ぼうし，かぐや姫などのお話しでは，お年寄りが不思議な形で子宝に恵まれ，やがて成長・出世した子供がお年寄りと共に幸せに暮らすストーリーが共通しています。お年寄りにとっての幸せは，身体と心の支えとなって助けてくれる存在との関わりの中にあることを教えているような気がします。

幸いなことに，2003 年に天馬博士の子として高田馬場の精密機械局で生まれた心優しい"鉄腕アトム"は，2015年に漸く現実の存在となりました。それが人々を幸せにする優しいロボット（センサ付きアクチュエータ）"Pepper"です（図2，ソフトバンクロボティクス）。Pepper はマイク，カメラ，触覚，ソナー，レーザー，バンパー，ジャイロ，赤外線などの多くのセンサを備えています。しかし，それだけではなくこれらのセンサ信号をローカルとクラウドで分担してスマートに処理し，人の顔の表情や声の緊張の程度から感情を認識し，また自らも声や身振り手振りで感情を表現して人を幸せにすることができます。つまり，受動的なセンサだけでなく，人に話しかけて応答を引き出す能動的なスマートセンサを備えているともいえましょう。また，Pepper たちは，クラウド上で互いに情報を交換してますます賢くなっていきます。人間と幸せに共生できるロボット，これが究極のスマートセンサではないでしょうか？

必要とされるスマートセンサが，介護施設での暴力や殺人を取り締まるための画像処理装置付き監視カメラという現実は，あまりにも悲しすぎます。

図2　インターネットと繋がり成長するロボット Pepper

第5章 からだに関わるフィジカルセンシング

5.1 はじめに

南保英孝*

　近年,スマートウォッチや腕に取り付ける活動量計のように,常に身につけて利用し継続的に生体信号を測定する機器が手軽に利用できるようになってきた。例えば,Apple社から販売されているAppleWatchは腕時計型であり体温と心拍が計測できる。また加速度センサも併用することで,活動量や運動強度も計測できるようになっている。このような機器は,各種デバイスの小型軽量化,低消費電力化,そして低価格化によって,商品によって違いはあるが,割と入手しやすい価格帯で販売され現在普及しつつある。

　これらの機器は,常時身につけることができるウェアラブルデバイスに分類される。ウェアラブルデバイスにはヘッドマウントディスプレイの様な表示デバイスや,腕や指など体の一部に小型の計測器を取り付けて生体信号を測定するもの,耳や頭に取り付けて何らかの情報伝達に用いるものなど様々である。デバイスは身につけていても邪魔にならない,気にならない程度の重さ,大きさ,材質となっており,中には衣類に組み込まれていたり,衣類の繊維そのものが電極や電線になっているものもある。機能も豊富で,小型にもかかわらずWi-FiやBluetoothなどの通信機能を備えているものもあり,近年のデバイスの進歩にはめざましいものがある。

　本章では,福祉分野におけるフィジカルセンシングという広い領域の中から,ウェアラブルデバイスのハードウェア面とソフトウェア面について取り上げた。5.2節では,ハードウェア面としてウェアラブルデバイスによる生体信号センシング技術に着目し,研究開発の動向について述べる。そして,5.3節において,ウェアラブルデバイスを用いて継続的にデータを収集した事例とデータの解析手法,そしてそこから得られる健康に関する知見について述べる。また,ウェアラブルデバイスを通じて収集されるものは多種多様なデータであり,継続的な収集によりライフログと呼ばれるビッグデータの1種として扱われる。近年,ライフログを利用することで様々な応用が考えられているが,5.4節ではソフトウェア面の一例として,ライフログの福祉分野での応用事例について,また,データ収集を継続的に行うためのゲーミフィケーションと呼ばれるコンセプトについて概説する。

＊　Hidetaka Nambo　金沢大学　理工学域電子情報学系　准教授

5.2 生体信号を使ったウェアラブルデバイス

川瀬利弘*

5.2.1 はじめに

　脳波や筋電などの生体信号を計測することで，目に見える形では現れないその人の意思を推測できる場合があるため，義手・義足やコミュニケーション支援機器など福祉用途の機器に生体信号を用いることが研究されてきた。
　この項目では，福祉への応用で特に利用されている，筋活動と脳活動に関するものを中心に，ウェアラブルデバイスに利用可能な生体信号センシング技術とその福祉応用に関する研究開発の動向を述べる。

5.2.2 筋活動に関する生体信号

　四肢の切断や麻痺などにより身体を動かすことが困難になったとしても，身体を動かそうとするときに筋が何らかの反応を示す場合がある。また，介護では力を必要とする場面が多くあり，筋などの情報をセンシングして機械的な補助を与えるパワーアシスト技術が役立ち得る。こうしたことから，筋活動を計測し，福祉用のデバイスに使うことが数多く試みられている。
　筋活動を計測する際，特によく用いられるのが筋電（EMG：Electromyography）である。これは，神経の活動電位が筋に伝わり収縮を引き起こす際に発生する電位を計測したもので，工学的な用途で用いるときは皮膚の表面から計測されることが多い。筋電を用いた福祉用デバイスの代表例として筋電義手があり，1960年頃から実用化されている[1]。
　筋電の計測は通常，筋の上の皮膚の2箇所（10～20 mm程度の間隔）に電極を貼り付け，その2箇所の電位差を計測することで行われる（図5.2.1）。電極はゲルなどを介して皮膚に当てる場合（湿式電極）と，金属の電極を直接皮膚に当てる場合（乾式電極）がある。電極が多少大きくなることが許容できる場合，ノイズ耐性を上げるため，アンプを各筋の電極のすぐ近くにつけ

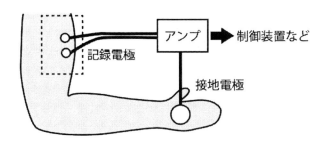

図5.2.1　筋電の計測方法の例

---

*　Toshihiro Kawase　東京工業大学　科学技術創成研究院　バイオインタフェース研究ユニット　特任助教

第 5 章　からだに関わるフィジカルセンシング

ることがしばしばある。2 点間の電圧は数十 μV～数 mV であり，5～500 Hz 程度の周波数帯域に分布する[2]。これらの電圧はアンプで増幅されたのち，フィルタリング処理などを経由して機器の制御に用いられる。関節の働きには，1 個の筋だけでなくそれと拮抗する筋も重要であることから，電極を最小限にする場合でも，関心のある関節の数の約 2 倍の筋が同時に計測されることが多い。

　筋電の振幅は筋の張力，およびそれにより引き起こされる身体の運動と強い関係があることから，運動補助用のウェアラブルデバイスへの入力として筋電を用いる試みが数多く行われてきた。高齢者や麻痺患者，介護者の運動を補助する装着型のアシストロボットはその一例であり[3]~[5]，麻痺患者のリハビリ訓練のためにも用いられている[6]。そのほか，四肢麻痺患者のための電動車椅子コントローラとして，首や肩などの筋電により車椅子を制御できるようにしたものについても多くの研究例がある[7],[8]。また，皮膚からの電気刺激により筋を動かす技術と組み合わせ，筋電に応じた電気刺激を与えることで筋の収縮を増幅し，運動機能回復に役立てる小型の機器も開発されている[9]。

　以上の研究や製品は，古くから使われてきた湿式・乾式電極（図 5.2.2 A, B）を用いているが，近年，新たな素材を使い，よりウェアラブルデバイスに適合した形状の電極が開発されている。テキスタイル型の電極（図 5.2.2 C）は，布の一部に導電性を持たせることで，衣服などの一部を電極として用いるものである。このような電極としては，金属や導電性高分子を使用した導電性繊維を用いたもの[10],[11]，導電性の塗料を表面にプリントしたもの[12]などが開発されている。電子皮膚型の電極（図 5.2.2 D）は，皮膚に接着されるシート状の回路を用いたものである[13]。このシートはきわめて薄く，皮膚の伸び縮みにも耐え，さらに皮膚と接触させるための金属だけ

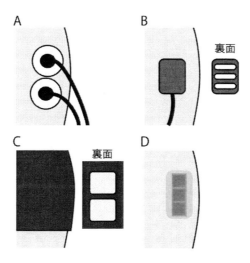

図 5.2.2　筋電電極の形状の例
上腕の皮膚表面（図 5.2.1 点線部）に，典型的な湿式電極（A），乾式電極（B），テキスタイル型電極（C），電子皮膚型電極（D）を装着した状態のイメージを示している。

179

でなく,トランジスタなどの素子を形成しアンプを埋め込むことができる。

　筋電を用いたウェアラブルデバイスは福祉用途以外でも開発されており,近年は,リストバンド型のワイヤレス筋電電極によりPCを操作するデバイスが注目を集めている[14]。こうした機器は福祉用途でも役立ち得るもので,この電極を用いた高度な義手の制御も実現されている[15]。

　筋電は筋の電気的な反応を計測するものであるが,その他の種類の反応も用いられることがある。例えば筋硬度は,装着型のアシストロボットの制御に使用された例がある[16]。

5.2.3　脳活動に関する生体信号

　筋の使用が困難な状態になっても,運動や知覚の中枢である脳の活動を計測し機械やコンピュータに入力できれば,その人は外界への働きかけの手段を再び手に入れられる可能性がある。これがブレイン-マシン・インタフェース（BMI：Brain-Machine Interface）あるいはブレイン-コンピュータ・インタフェース（BCI：Brain-Computer Interface）と呼ばれるものであり,2000年頃から盛んに研究されるようになった[17]。

　脳活動を計測する手法は数多くあるが,手術を必要とせず,MRIのような大型の設備を必要としない,ウェアラブルデバイスで用いることができるものは限られる。現在のウェアラブルデバイスで特に使われているのは脳波（EEG：Electroencephalography）である。脳波は,脳の活動に伴って発生する電位を頭皮上から計測したもので（図5.2.3）,筋電よりもさらに微弱（10〜20μV程度）であり,主に低めの周波数帯域（0〜70 Hz程度）に分布する[18]。

　ウェアラブルな福祉用のBMIとしては,筋電と同様,電動車椅子や装着型のアシストロボットなど,運動補助用の装置を動かすためのものが研究されている。これらには脳波のみを使うもののほか[19],[20],他の脳活動計測手法や筋電を併用するものがある[21],[22]。こうした用途では,頭皮全体にわたる60チャンネル以上の脳波を用いるものもあるが,制御に有用な脳波が得られると見込まれる特定の領域に絞って測定することが多く,1チャンネルの脳波で十分なこともある[20]。

　ウェアラブルな脳波計測装置は,BMI以外にも,てんかんや睡眠障害などに対する医療用途,

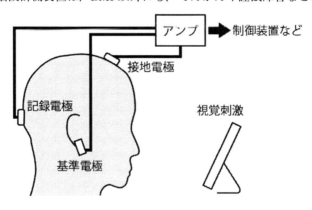

図5.2.3　BMIにおける脳波の計測方法の例

第5章　からだに関わるフィジカルセンシング

脳波の状態を本人に提示することによりさまざまな効果を狙うニューロフィードバックなどいくつかの用途があり，多くの研究および製品がある。これらの多くは頭部に取り付けられる小型のアンプを備え，ワイヤレスでPCなどへデータを送ることができる。製品化されているものには，1チャンネルのみを計測するヘッドセット[23]や，14チャンネルを計測するヘッドセット[24]，8～32チャンネルを計測するキャップ[25],[26]などがある。

　脳波計測ではペーストやゲルなどを通して皮膚と接する湿式の電極を使うことが多いが，ウェアラブル脳波計では乾式のものも良く使われている。電極の改良も盛んにされており，より皮膚に接しやすい乾式電極や，固形のゲルを用いた電極などが開発されている[27]。前述の電子皮膚型電極も，髪の毛のない前頭部での脳波計測に用いることができる[13]。また耳の内部で計測するイヤホン型の電極も開発されている[28]。

　脳波計測をウェアラブルデバイスに用いる場合，頭の動きや筋電など脳波以外のものが波形に影響し得ることに注意する必要がある。こうした測定のエラー（アーティファクト）に対しては，システムや使用環境などに応じた対処法も考えられるが，より汎用的な解決法として，さまざまな信号解析技術や，電極と皮膚の接触状態の同時計測などによる対策が研究されている[29]。

　脳波のほかには，赤外線を頭部の表面に照射しその反射光の変化を計測する近赤外分光法（NIRS：Near-Infrared Spectroscopy）がしばしばBMIに用いられており，ウェアラブル化された計測器具も開発されている[30],[31]。

5.2.4　その他の生体信号

　眼球が動く際に目の周辺で検出される眼電（EOG：Electrooculography）もウェアラブルデバイスで用いられることがある。車椅子のコントローラに眼電を用いる研究がされている[32]ほか，近年は眼電を計測できる眼鏡が市販されている[33]。

　脈拍あるいは心拍の計測は，すでに多数のリストバンド型活動量計やスマートウォッチで行えるようになっている。心拍を反映する生体信号である心電（ECG：Electrocardiography）は，テキスタイル型や電子皮膚型の電極で計測でき，電極を内蔵した衣服がスポーツ用に製品化されている[34]。

5.2.5　おわりに

　生体信号を用いた福祉用ウェアラブルデバイスは数多く研究されてきたが，近年の電極などに関する技術により，さらに実用性が高まる兆しがある。こうした技術を背景に，生体信号の利用がさまざまな用途で広まりつつあり，今後計測機器などが普及するにつれて，福祉目的への応用もより発展していくことが期待される。

参考文献

(1) 中村隆："筋電電動義手〜自分の手を取り戻す〜", 電子情報通信学会誌, Vol.98, No.4, pp.284-289（2015）

(2) 木塚朝博, 増田正, 木竜徹, 佐渡山亜兵：表面筋電図, 東京電機大学出版局（2006）

(3) J. Rosen and J. C. Perry: "Upper limb powered exoskeleton", *Int J Hum Robot*, Vol.4, No.3, pp.529-548（2007）

(4) Y. Sankai: "HAL: hybrid assistive limb based on cybernics", *Spr Tra Adv Robot*, Vol.66, pp.25-34（2010）

(5) T. Kawase, H. Kambara and Y. Koike: "A power assist device based on joint equilibrium point estimation from EMG signals", *J Robot Mechatron*, Vol.24, No.1, pp.205-218（2012）

(6) H. Watanabe, N. Tanaka, T. Inuta, H. Saitou and H. Yanagi: "Locomotion improvement using a hybrid assistive limb in recovery phase stroke patients: a randomized controlled pilot study", *Arch Phys Med Rehabil*, Vol.95, No.11, pp.2006-2012（2014）

(7) J. S. Han, Z. Z. Bien, D. J. Kim, H. E. Lee and J. S. Kim: "Human-machine interface for wheelchair control with EMG and its evaluation", *Conf Proc IEEE Eng Med Biol Soc*, pp.1602-1605（2003）

(8) K. Choi, M. Sato and Y. Koike: "A new, human-centered wheelchair system controlled by the EMG signal", *Proc 2006 IEEE Int Joint Conf Neural Network*, pp.4664-4671（2006）

(9) 電気刺激装置 GD-611（IVES/アイビス）：http://www.og-wellness.jp/product/physiotherapy/GD611.html

(10) E. P. Scilingo, A. Gemignani, R. Paradiso, N. Taccini, B. Ghelarducci and D. De Rossi: "Performance evaluation of sensing fabrics for monitoring physiological and biomechanical variables", *IEEE Trans Inf Technol Biomed*, Vol.9, No.3, pp.345-352（2005）

(11) インディカーレースでドライバーの生体情報を取得する実証実験を実施：http://www.nttdata.com/jp/ja/news/release/2016/012800.html

(12) N. Matsuhisa, M. Kaltenbrunner, T. Yokota, H. Jinno, K. Kuribara, T. Sekitani and T. Someya: "Printable elastic conductors with a high conductivity for electronic textile applications", *Nat Commun*, Vol.6, pp.7461（2015）

(13) D. H. Kim, N. Lu, R. Ma, Y. S. Kim, R. H. Kim, S. Wang, J. Wu, S. M. Won, H. Tao, A. Islam, K. J. Yu, T. I. Kim, R. Chowdhury, M. Ying, L. Xu, M. Li, H. J. Chung, H. Keum, M. McCormick, P. Liu, Y. W. Zhang, F. G. Omenetto, Y. Huang, T. Coleman and J. A. Rogers: "Epidermal electronics", *Science*, Vol.333, No.6044, pp.838-843（2011）

(14) Myo: https://www.myo.com/

(15) APL's modular prosthetic limb reaches new levels of operability：http://www.jhuapl.edu/newscenter/pressreleases/2016/160112.asp

(16) 山本圭治郎, 兵頭和人, 石井峰雄, 松尾崇："介護用パワーアシストスーツの開発", 日本機械学会論文集 C 編, Vol.67, No.657, pp.1499-1506（2001）

(17) N. Birbaumer and L. G. Cohen: "Brain-computer interfaces: communication and restoration of movement in paralysis", *J Physiol*, Vol.579, No. 3, pp.621-636（2007）

(18) J. A. Wilson, C. Guger and G. Schalk: BCI hardware and software, In: J. R. Wolpaw and E. W. Wolpaw, editors, Brain-Computer Interfaces: Principles and Practice, Oxford University Press (2012)

(19) F. Galan, M. Nuttin, E. Lew, P. W. Ferrez, G. Vanacker, J. Philips and J. R. Millan: "A brain-actuated wheelchair: asynchronous and non-invasive Brain-computer interfaces for continuous control of robots", *Clin Neurophysiol*, Vol.119, No.9, pp.2159-2169 (2008)

(20) T. Sakurada, T. Kawase, K. Takano, T. Komatsu and K. Kansaku: "A BMI-based occupational therapy assist suit: asynchronous control by SSVEP", *Front Neurosci*, Vol.7, pp.172 (2013)

(21) G. Pfurtscheller, B. Z. Allison, C. Brunner, G. Bauernfeind, T. Solis-Escalante, R. Scherer, T. O. Zander, G. Mueller-Putz, C. Neuper and N. Birbaumer: "The hybrid BCI", *Front Neurosci*, Vol.4, pp.30 (2010)

(22) T. Kawase, Y. Sato and K. Kansaku: "A BMI-based robotic exoskeleton for neurorehabilitation and daily actions: elbow and wrist movements controlled by EEG and EMG signals", Neuroscience Meeting Planner, Program No. 636.10, Society for Neuroscience, Washington, DC (2014)

(23) MindWave：http://store.neurosky.com/pages/mindwave

(24) Emotiv EPOC+：http://emotiv.com/epoc-plus/

(25) Enobio：http://www.neuroelectrics.com/products/enobio/

(26) g.Nautilus：http://www.gtec.at/Products/Hardware-and-Accessories/g.Nautilus-Specs-Features

(27) S. Toyama, K. Takano and K. Kansaku: "A non-adhesive solid-gel electrode for a non-invasive brain-machine interface", *Front Neurol*, Vol.3, pp.114 (2012)

(28) D. Looney, P. Kidmose, C. Park, M. Ungstrup, M. Rank, K. Rosenkranz and D. Mandic: "The in-the-ear recording concept: user-centered and wearable brain monitoring", *IEEE Pulse*, Vol.3, No.6, pp.32-42 (2012)

(29) V. Mihajlovic, B. Grundlehner, R. Vullers and J. Penders: "Wearable, wireless EEG solutions in daily life applications: what are we missing?", *IEEE J Biomed Health Inform*, Vol.19, No.1, pp.6-21 (2015)

(30) ウェアラブル光トポグラフィ：http://www.hitachi-hightech.com/jp/product_detail/?pn=ot_001

(31) LIGHTNIRS：http://www.an.shimadzu.co.jp/bio/nirs/light_top.htm

(32) R. Barea, L. Boquete, M. Mazo and E. Lopez: "Wheelchair guidance strategies using EOG", *J Intell Robot Syst*, Vol.34, No.3, pp.279-299 (2002)

(33) JINS MEME：https://jins-meme.com/ja/

(34) OMsignal：http://www.omsignal.com/

5.3 ウォーキングによる高齢者健康維持と健康寿命延伸

大薮多可志[*1]，勝部昭明[*2]

5.3.1 日本の高齢社会

　日本の高齢化率（総人口に対する65歳以上の比率）は約26％と世界で最も高い値を示している．イタリアやドイツなどがそれに続く．日本の高齢者人口は約3,300万人にも達し，その割合も年々増加傾向にある．高齢者がいる世帯は全世帯の約45％に達し，その中で高齢者が一人で暮らす世帯が約20％，高齢者夫婦のみの世帯が40％弱にも達している[(1)]．このため，家庭内で見守る家族が少なく，高齢者にとって事故や災害時の避難は厳しい状況といえる．高齢者が生きがいを持ち元気に暮らす環境整備が喫緊の課題といえる．これは中国，韓国，台湾を含むアジアの共通課題でもある．日本を除くアジア各国の高齢化率は15％以下であるが，日本の対策がモデルとなる．ビジネスとしても成り立つモデルを構築し高齢社会を支えていく必要がある．近年，高齢化に伴い社会保障費は120兆円に届こうとしている．この中で医療費が30％以上を占め40兆円を超えている．このままでは国の社会保障システムが破綻することは明白である．女性のみならず元気な高齢者を増やし就業を促進する戦略が必要である．2016年の日本の生産年齢人口割合は約60％であるが，50年後に50％まで落ち込むことが予想されている．世界最大の人口を有する中国の2015年のその割合は74％程度であるが，2050年には59％程度と15％も減少することが予測されている．健康で元気な高齢者の割合を増加させ，多様な労働環境を構築するとともに高齢者・女性を活用し生産性を高める戦略が必要である．

　健康管理のための様々な機器が市場に出回っている．その多くは情報通信技術（ICT）を用いるため高齢者には馴染み難く浸透率が低い現状にある．使いやすく安価な機器の開発が喫緊の課題である．それら計測機器を用いることにより，健康管理への一層の興味と動機づけが生まれるものでなければならない．高齢者の健康を維持する基本は「ウォーキング」といえる．ウォーキングは，筋力をつけ持久力を向上させるとともに生活習慣病を予防する．本節では，ウォーキングの長期（1年間）計測データを紹介し様々なバイタルサインとの関係について述べる．

5.3.2 健康測定機器

　高齢者自身が健康を維持する習慣を身に付け，健康寿命を延ばす努力が求められる．さらに，日本の高度な技術を用い高齢社会に生起する様々な課題を解決する端緒を見出す必要がある．近年，高齢者のみならず，健康管理に興味をもつ人が増えている．これらの多くはICT機器を駆使し非侵襲で血圧，脈拍，血流，内臓脂肪などを測定し自己健康管理に役立てている．バイタルサイン（生命兆候，vital signs）の基本として，「脈拍」，「呼吸」，「体温」，「血圧」，「意識レベル」

＊1　Takashi Oyabu　国際ビジネス学院　学院長
＊2　Teruaki Katsube　埼玉大学　名誉教授

第5章　からだに関わるフィジカルセンシング

の5つが挙げられる。一般に，血圧，脈拍，呼吸，体温の4つのバイタルサインを計測するセンサが開発され用いられている。非侵襲が基本であるが，計測項目や検知レベルの深度により侵襲センサも用いられる。最近ではスマートフォンの浸透が著しく，その中に各種センサを組込み，自動的にバイタルサインを計測しクラウド上に保持するシステムが開発されている。

　高齢者にも馴染みやすい様々な健康管理測定器を開発する必要がある。高齢化率が最も高い日本の企業から多くの機器が商品化されビジネスとして成り立ちつつある。これらの測定機器は高齢者よりも，青年期（15〜30歳），壮年期（31〜44歳）や中年期（40〜64歳）に人気がある。これらの世代，特に青年期などの若い世代はPCよりもスマートフォンを多用する傾向がある。将来，これらの世代が高齢者となり，スマートフォンによる管理が浸透することが期待できる。スマートフォンはPCと同様な機能を有しておりインターネットに接続できる。位置情報（G空間情報）も取得可能であり様々なサービスを得ることができる。

　近年，IoT（Internet of Things）志向が推し進められつつある。「モノのインターネット」などと和訳され，スマートフォンとの接続が必定である。しかしながら，和訳が一般に分かり難く普及にブレーキがかかるのではと危惧される。IoTは，センサなど全てのモノがインターネットに接続されることにより付加価値の高いサービスや製品を構築することを意味する。もちろん健康管理も含まれ人々の生活を豊かにする。総務省では，スマートフォン所有者の位置情報であるG（Geography）空間情報をICTの健康管理データと連携させることにより様々なサービスを提供するシステム構築を提案している。これを「G空間×ICT」（"×"はタイムズとよぶ）と称し，新サービス構築に向け活用が期待される[2]。

　様々な健康管理情報を取得し，健康な身体を維持するためには人工知能（AI）の活用も不可欠である。AIの第一次ブームであった1950年代では実用の域には達することができなかったが，第3次ブームである現在では大いに活用が期待されている。AIは知識を覚えることから，それ以上の「知」を導出する域にある。シンギュラリティー（技術的特異点；Singularity）が近いといえる。センサ技術のみならず，ビッグデータ処理や解析技術，認識技術など周辺技術も進歩しており，ビジネスチャンス到来といえる。

　健康管理測定のための様々な機器（センサ）が開発されている。基本的にはウエアラブル（身体装着型）であり，オフライン計測型やクラウド上にデータが蓄積されるものなどがある。IoTやクラウドシステムの進展とともに後者のものが多用されていくと予測される。グンゼ㈱（肌着メーカー，大阪市）は心拍数や消費カロリー，姿勢の乱れなどを計測できる肌着を開発したと発表（2016年1月）している。もちろんスマートフォンで計測データを検索する専用アプリも開発されている。肌着に入っている金属繊維に微弱な電流を流し，その変化を観察することにより検知する。データ送信ユニットはボタンにより装脱着ができ洗濯も可能である。NECが構築しているクラウド上にデータを蓄積し，個人のライフスタイルに助言を行うこともできる。歩幅などを登録することにより消費カロリーが導出される。

　AIを組み込んだロボット技術の活用も求められる。ロボットが高齢者と共に生活し，データ

環境と福祉を支えるスマートセンシング

図 5.3.1　ロボットが高齢者の生活を管理

や環境から様々な示唆を与えるとともに,「共同生活者」として活躍する時代も近い。今後, 10〜20年で日本の労働人口の半数がロボットに代替できる可能性がある。ロボットは作ることから活用する時代へと移行する。図5.3.1にロボットと暮らすイメージ図を示す。高齢者家庭においてロボットが家族に適切な示唆を与える。災害や転倒事故時に適切な指示を出す。もちろん生活習慣に対しても適切な指示を与える。ロボットにはできない創造的な仕事を人間が行うことになる。

5.3.3　健康維持のための運動

　人によって, 趣味嗜好はもとより, からだの状態が異なる。様々な生活スタイルがあるが, 日々の生活で「歩くこと」(Walking) が基本動作である。歩くことを基本として, 健康維持のために水泳やヨガなど他の多くの運動がおこなわれている。運動とは, からだを動かすことである。運動することにより食事などで摂取したエネルギーが消費される。摂取エネルギーが運動エネルギーを常に上回っていると肥満になり生活習慣病（高血圧, 糖尿病など）を誘発する。ウォーキングとは健康を維持し増強するために歩くことであり, 歩くことにより全身の筋力が使われ筋肉の増加を図ることができる。ウォーキングは「有酸素運動」であり, 基本的に大腿四頭筋, 大腿二頭筋, 前頸骨筋, 下腿三頭筋が使われ全身の筋肉を使うことになる。これにより筋力を維持・向上させることに繋がる。特に高齢者にとっては過度な運動よりも, できる範囲で継続的に「歩く」ことが勧められる。筋肉は年齢に関係なく鍛え増強することができる。高齢者でも筋力増強が可能であり基礎代謝量も増える。さらに風邪などの予防効果もあり医療費削減に寄与する。ストレス解消にも効果があるといわれている。しかしながら, 年齢や身体状況によりウォーキングのスタイルも異なる。厚生労働省では, 一例として高齢者が散歩やウォーキングを習慣として1日に20分程度おこなうことを目標としている。また, 歩数と生活習慣病による死亡者数とは負の相関があることが報告されている[3]。このためには, 高齢者が気軽に歩ける環境整備や外出を

第5章　からだに関わるフィジカルセンシング

図5.3.2　複数で楽しみながらウォーキング

促す対策が必要である。継続性やモチベーションを高めるため，グループでウォーキングを行うことも効果がある。複数で歩くイメージを図5.3.2に示す。屋外では常にG空間情報や運動量，バイタルサインがクラウド上で把握されることが必要である。津波や地震などの災害時には避難経路も提示できる。ゲームの要素も取り込み，継続的にウォーキングするなどゲーミフィケーション（Gamification）を取り入れることも検討に値する。日本の社会環境を考慮すると，早急に様々な行動が求められる。整備の遅れは日本の社会保障システムが負のスパイラルに陥る可能性を高めることになる。

5.3.4　歩数特性

高齢者が継続的にウォーキングを行うことにより経済的にも大きな効果が期待できる。しかしながら，過度なウォーキングは高齢者の身体機能を損傷するばかりでなく倦怠感や精神の不安定を誘発する。高齢者は疲労回復にも時間がかかる。このため，日ごろからオーバーウォーキングにならないよう自己管理を行うとともに，可能な範囲で歩数や生理的なデータを記録し適切なデータを把握しておくことが重要である。ICTを活用することにより各個人に整合した健康管理を行うシステムを構築することができる。本節では被験者として健康な前期高齢者を選び日々の歩数特性や生理的なデータを市販の計測器を用いて収集した。後期高齢者（女性）のデータも参考のため収集した。主な被験者が一人であるため多くの高齢者に当てはまるとは限らないが大いに参考になる。

1)　**実験方法**

被験者として，A（女性，86才），B（男性，64才，実験終了時65才）を採用した。被験者Aは高齢であるため1日のみの計測であった。ただし，年間を通じて日々同じ行動スタイルである。高齢になるほど，新しい行動を行わず歩数パターンが固定的になる傾向がある。被験者B

は1年に亘って計測を行った。実験においては，以下のバイタルサインを計測（主に就寝時に測定）した。さらに，当日の起床時の天候や被験者の気分（5段階：最も良いが5）も記録した。日々の就寝時の最高と最低気温も計測した。測定項目を以下に示す。

・体重，体脂肪，基礎代謝量，体内年齢，筋肉量，筋肉スコア，内臓脂肪レベル，推定骨量
・最高血圧，最低血圧，起床時の気分，歩数
・最高・最低気温，起床時の天候

なお，起床時の気分以外のバイタルサインは自動的にクラウド上に記録可能である。これは，自動測定を意識したものである。測定装置とクラウド通信機器をまとめて図5.3.3に示す。この通信機器を用いてクラウド上に被験者のデータを格納する[4]。バイタルサインは，歩数計（TANITA: Tn-Link, FB-723）と体組成計（TANITA: Tn-Link, BC-503）を用いて測定した。血圧計も同社製（TANITA: Tn-Link, BP-301）を用いている[5],[6]。

2) 実験結果

・歩数の日周変動

被験者Aの1時間毎の歩数（steps/hour）の日周変動を図5.3.4に示す。起床が朝6時であり23時に就寝するまで1時間毎の歩数が示されている。時間帯により変動している。測定日は夏季であるので，朝と夕方（比較的凌ぎやすい気温）に歩行し活動している。冬季の就寝は1時間ほど早まり起床は1時間ほど遅く，ベッドに入っている時間が長くなる。これは気温が低いことと日照時間が短くなるためである。図より最も大きな値は朝7〜8時の約150歩であり比較的少ない。14時頃に昼寝をし，15時過ぎから庭の草むしり（あまり歩かない）を17時（歩数約125歩）過ぎまで行った。その累積分布を図5.3.5に示す。1日の歩数は1,000歩程度である。1時間毎の歩数変動を把握し示すことにより，時々刻々変化する歩行による活動量を推定することができる。さらに総歩数や生活スタイルも類推できる。

被験者Bの歩数の日周変動を図5.3.6に示す。図においては1時間に3,000歩も歩くことが認められ，被験者Aとは活動量が大きく異なることがわかる。図中には体内年齢（Human biological age）の変化も示されている。体内年齢は起床時と就寝時に高くなり，活動している

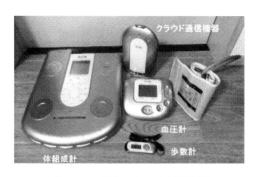

図5.3.3 実験に用いた測定機器[※]

第5章 からだに関わるフィジカルセンシング

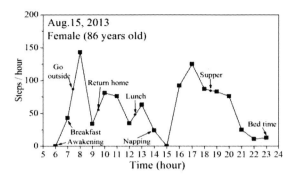

図5.3.4 被験者Aの1日の歩数特性[※]

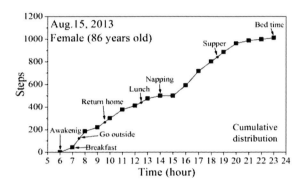

図5.3.5 被験者Aの1日の歩数の累積分布関数[※]

日中においては低くなる。概して，すり鉢状の特性である。歩数の累積分布特性を図5.3.7に示す。昼食時にフラットな特性を呈し図5.3.5と似た特性であった。累積分布から，朝の散歩時の歩数が多く昼食時に少なくなり，夕方前後から多くなる傾向にある。被験者の生活スタイルにより特性が異なる。もちろん曜日によっても異なる。本特性を日々調べることにより，いつも通りの生活スタイルであるか否かの判断ができる。被験者AとBの累積歩数には10倍以上の差があり個人の活動量の指針を得ることができる。

・バイタル情報の長期遷移

時間毎に多くのバイタル情報を収集することは不可能ではないが，データ整理や必要情報の抽出にコストがかかる。地域などの多被験者を集中して観視する場合には可能な限り必要データの絞り込みが求められる。前項の実験から歩数特性が被験者の活動観視に有効であることが示された。本実験においては，バイタルサインの長期データの遷移を示し，歩数を被験者の健康管理に応用できるかどうかを調べた。歩数と他のバイタルサインを融合することにより付加価値のある判断ができると考えられる。この研究は将来的な課題であるが，高齢化社会の新しいサービスや付加価値を創出する可能性を秘めている。

環境と福祉を支えるスマートセンシング

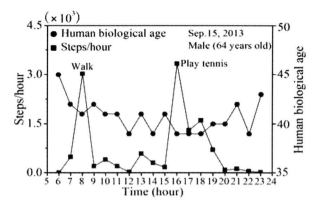

図5.3.6　被験者Bの1日の体内年齢と時間ごとの歩数の関係※

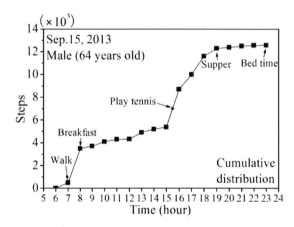

図5.3.7　被験者Bの1日の歩数の累積分布関数※

・被験者Bのバイタル情報

　被験者B（前期高齢者）は一般的な勤労者であり，ウィークディはオフィスワーカーとして勤務している。オフィスワーカーは運動不足になる傾向がある。休憩中にも歩いたりすることにより糖尿病リスクが減少するなどの報告がある[7],[8]。歩数を増やすことによる健康増進や運動能力向上に関する報告がなされている[9]～[11]。

　当該被験者は，休日にテニスなどのスポーツを行うことが多い。体重（Weight），体脂肪（Fat），基礎代謝量（Metabolism）の各月の平均値のプロットを図5.3.8に示す。図よりほぼフラットな特性であり急激な変化が認められなかった。被験者からの聞き取り調査によると病気などの罹患はなく，1年を通して健康状態は良好とのことであった。横軸は各月であり7月から翌年6月の1年間（2013年から2014年）の変化を示している。同様に，体内年齢（Biological age），筋肉量（Muscle mass），筋肉スコア（Muscle score），内臓脂肪レベル（Visceral fat），推定骨量（Bone quantity）の各月平均値変化を図5.3.9に示す。推定骨量が8月から9月に幾分

第5章　からだに関わるフィジカルセンシング

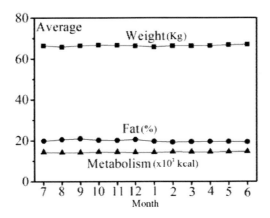

図5.3.8　被験者Bの1年間の月毎の平均体重，体脂肪，基礎代謝量の変化※

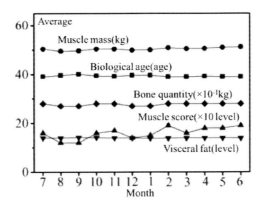

図5.3.9　被験者Bの1年間の月毎の平均筋肉量，体内年齢，推定骨量，筋肉スコア，内臓脂肪レベルの変化※

減少しているが，ほぼ一定である。また，筋肉スコアは8月と9月の夏季と12月の冬季に減少する傾向がある。これらの変動原因は不明であるが，1年間の測定結果から季節性があるなどの判断ができる。各月の最高・最低血圧，歩数，脈拍の平均値の変化を図5.3.10に示す。比較的天候に恵まれる夏季である8月と9月（含　夏季休暇）の歩数は平均で9,000歩を超え，その後は減少傾向にある。また，4月と5月の活動しやすい季節の歩数も9,000歩を大きく超え高い値を示している。厚生労働省は「健康日本21」の指針において，1日の歩数を男性8,500歩，女性8,000歩としている。冬季である1月の歩数が少ない。最高血圧は一貫して減少傾向にある。余り活動しない2月の値が幾分高い。最低血圧は10月に減少し，その後，微減傾向で一定の値を保っている。血圧面から健康な範囲（最高血圧130以下，最低血圧85以下）にシフトしてきている。日本高血圧学会の指針によると高齢者の血圧の目標値を，最高140，最低90程度としている。指針値内に入っているデータであり健康と判断する材料といえる。

被験者Bの体重，体脂肪，基礎代謝量の変動係数を図5.3.11に示す。1月の体脂肪を除きバラ

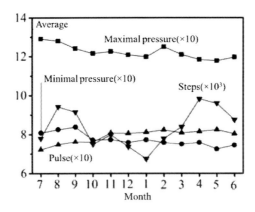

図5.3.10　被験者Bの1年間の月毎の平均最高血圧，最低血圧，脈拍，歩数特性[※]

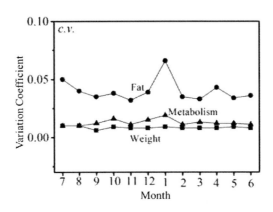

図5.3.11　被験者Bの1年間の平均体脂肪，基礎代謝量，体重の変動係数[※]

ツキが少ないといえる。一般に高齢者ほど食生活や生活スタイルに留意している傾向があり変動係数が一定になる傾向がある。被験者Bの1月の体脂肪増加は歩数の減少が大きな要因と考えられる。被験者Bの1月の歩数の最低値は3,200歩，最高値は14,700歩，平均で6,745歩であった。冬季であり天候が悪い時には余り歩かないとのことである。このため，範囲（レンジ）が11,500歩と大きい。冬季の歩数（活動量）の平均値減少や範囲の大きさが体脂肪の変動係数（バラツキ）増加と関連があるならば，健康管理上からも冬季の歩数を安定に増やす対策が必要となる。体脂肪変動係数は暑くなる7月にも増加する傾向がある。変動係数で特性を示すことにより，複数のパラメータを同じ尺度での変化として示すことができ，変動要因解析に有効といえる。

・歩数と活動量

　歩数と活動量（kcal）の間に相関があり，歩数から活動量が推定できることが望ましい。歩数はオムロン社製（Calori Scan HJA-401F）を採用した。約1ヶ月間，両要素の関係を調べた結果を図5.3.12に示す。相関係数として0.87が得られている。この結果より歩数から活動量がかなり類推可能といえる。歩数が増えると活動量が増えることになる。

第5章　からだに関わるフィジカルセンシング

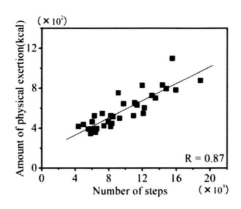

図5.3.12　歩数と活動量との相関※

・実験のまとめ

　多くのバイタルサインを1年間に亘り測定した結果，データ収集が容易で非侵襲測定可能，かつ，被験者の活動量を推測できる有効な因子は歩数であると思われる。また，日々歩数特性を把握することにより歩くことに対するモチベーションも向上する。歩数の他にもバイタルサインを容易に収集できるセンサなどを採用することにより，複合的に判断を行うことが可能となる。本節においては，バイタルサインと歩数の関係を測定し，歩数による健康管理を行うことについて検討を行った。測定データから歩数は高い可能性を有している。歩くことは人間の生存や健康管理に繋がる。厚生労働省も年代ごとに目標歩数を示している。このため，歩数は万能ではないが健康管理とそのモチベーション向上への有効な指標になり得るとの感触を得た。また，当該調査データから高齢者を含む地域住民の健康管理や生活状態をトータルに観視するシステム構築も有効であると判断している。歩数は健康や活動量を判断する指標となる。歩数をコアとして生活習慣病などを予測できるシステムが構築できる可能性がある。今後は，収集データの中から歩数以外の測定項目の中で，利用が容易で非侵襲な検知項目を見出すことを予定している。必要な測定データを融合し高度な判断を行うことにより高齢社会に対するモデルが確立される。

5.3.5　Walkingによる健康まちづくり

　社会における高齢者の貢献が期待されている。60歳以上の高齢者世帯の消費が個人消費の50％近くを占めていることが報告されている[12]。この世帯において，世帯主が勤務している場合とそうでない場合とでは毎月7万円もの支出差がある。経済活性化のためにも，女性や高齢者が健康で継続的に働くことができる社会環境整備が必要である。健康維持の基本はウォーキングであるが，一人でウォーキングを続けることは難しい。地域でグループを結成し継続することや目標を設け達成時に褒美（ポイントや買物券，施設利用券）を提供するなどの方策もよい。社会保障費に比べれば健康維持のための褒美はコストが低い。高齢者の場合，公表されている数値目標を総合的に勘案すると6,000歩と中強度の運動（何とか会話をしながら歩く）15分程度を組

み合わせることにより健康維持が図れるといえる。この数値は絶対的なものではないが日々の目標値である。もちろん個人毎に値は異なる。

　本実験で採用した被験者の場合は，1年を通した体験から8,000〜9,000（歩／日）程度が継続性や気分として妥当な目標値であるとの感触を得ている。週末などに連続して14,000歩を超える日が続くと翌日から3日間程度疲労感が残ったとのことである。被験者が旅行などで歩く場合，12,000歩（14,000の15％減）を超えないならば疲労感を感じることはなかったとのことである。

　歩数を増やし続けると健康維持が図れるものでもない。過度な歩数により，体に異常を来す場合もある。日常的に妥当な歩数を把握し継続的に歩くことが求められる。歩くことにより体力も付き健康年齢も増加する。日常生活の自立的基本動作の維持にも効果がある。地域ぐるみでウォーキング推進に取り組むことにより，社会保障費の減額や経済効果も高まる。魅力ある「褒美」を設定することも必要である。自治体が主体となりゲーミフィケーションの要素を取り込むことも検討すべきである。地域全体で「健康まちづくり」ができれば地方創生のトリガーとなる。

5.3.6　課題と展望

　スマートフォンと連動する多機能健康測定機器（センサ）が商品化され進化していくことは明らかである。このとき，クラウドシステムやIoT技術，ビッグデータ，AI，ロボットなど開発途上にある技術も順次応用される。これらの技術を融合した，高齢者にも理解・利用しやすく，適切な「示唆」を与えてくれるシステムが市場にでまわり新ビジネスモデルが形成される。特に，G空間×ICTを活用したまちづくり形成へ各社がしのぎを削ることになる。常に情報の取り入れ口であるセンサの位置と役割が必須である。将来的にも信頼性あるセンサの開発は要である。物理センサと化学センサ，バイオセンサ情報と情報技術が融合することにより高齢社会を凌駕する付加価値のある新サービスの提供が期待される。高齢労働者が健康で就労できる社会環境整備が急務である。

　日本の取組とモデルが他のアジア諸国の指標となり，この分野における平和的貢献が望まれるところである。

参考文献

(1)　内閣府："高齢社会白書"，日経印刷（2015年7月）
(2)　総務省G空間×ICT推進会議："空間情報と通信技術を融合させ，暮らしに新たな革新をもたらす"（2013年6月）
(3)　厚生労働省："平成26年版 厚生労働白書"，日経印刷（2014年8月）

第 5 章　からだに関わるフィジカルセンシング

(4) カラダにいいこと研究所：http://iikoto-lab.com/phr/（2014 年 2 月 5 日現在）
(5) 読売新聞：2013 年 9 月 11 日朝刊，15 面（家計）
(6) 読売新聞：2013 年 12 月 17 日朝刊，17 面（家計）
(7) T. Dwyer, A. L. Ponsonby, O. C. Ukoumunne, A. Pezic, A. Venn, D. Dunstan, E. Barr, S. Blair, J. Cochrane, P. Zimmet and J. Shaw: "Association of change in daily step count over five years with insulin sensitivity and adiposity: population based cohort study", BMJ RESEARCH, 2010, 341: c7294, 8 pages
(8) John J. Ratey: "SPARK; The Revolutionary New Science of Exercise and the Brain", Baror International, Inc. (New York 2008)
(9) 高戸仁郎，植木章三，島貫秀樹，芳賀博："携帯型歩数計を用いた高齢者の歩行能力評価法の開発", *Journal of health & social services*, 2003, No.2, pp.23-30
(10) Keitaro Nomoto, Ryo Miyazaki, Tsutomu Hasegawa, Umenori Hamada, Hiroshi Ichikawa and Yoshikazu Yonei: "Efficacy of a Health Promotion Program with Anti-Aging Medical Checkup and Instruction for Walking under Pedometer Management in Factory Workers", *Japanese Society of Anti-Aging Medicine*, Vol.7, No.7, pp.73-84（2010）
(11) Takashi Oyabu, Yusuke Kajihara, and Haruhiko Kimura: "Health management of elderly persons using a pedometer" (Research Letter), *Studies in Science and Technology*, Vol. 4, No. 2, pp.197-202（2015.12）
(12) 内閣府："日本経済 2015 – 2016"（2015 年 12 月）

※出典：大薮多可志，石上晋三，菱沼剛，木村春彦："高齢者健康管理のための歩数特性"，電気学会ケミカルセンサ研究会，No.CHS-14-015, pp.1-6

5.4 計測・蓄積データの利活用
～ライフログとゲーミフィケーション～

南保英孝[*]

5.4.1 ライフログ

ライフログとは，日常生活の中で生じる行動や体験をデータとして記録・蓄積すること，または記録されたデータを指す。以前はこのようなデータを記録・蓄積する場合には，手入力でPC等に入力する，または，計測したデータを手動で保存，蓄積する作業が必要であった。近年は様々なセンサが小型化され，様々な場所に設置されていたり，簡便に持ち歩けるようになってきた。そのため，記録方法も大きく変化した。具体的な行動の記録など手入力が必要なデータもあるが，多くのデータはセンサや計測機器を用いて記録される。例えば，ブログやSNSへの投稿は手入力が必要なデータに相当する。また，計測機器で記録されるデータには，行動に伴って自動的にかつ無意識のうちに計測され記録されるものと，ユーザが能動的に計測を行うことで記録されるものがある。5.3節で用いられた歩数計や活動量計のように身につけていることで自動的に記録されるようなものは前者に相当し，体組成計や血圧計などの機器を用いてユーザが計測を行い記録されるものが後者に相当する。その他にも，GPSによって記録された位置情報や移動履歴，さらにはクレジットカードの利用履歴もライフログの一種として扱われる（図5.4.1）。

また，多くの場合，計測されたデータはネットワークを介してサーバ等に蓄積される。蓄積されるデータは1種類の計測データではなく，多種のデータが一元的に蓄積される。また，それら

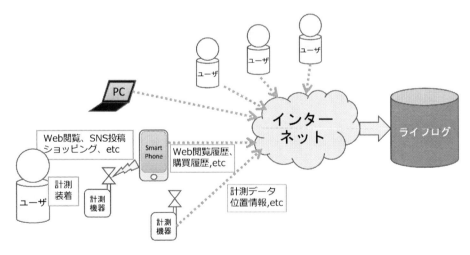

図5.4.1　ライフログの収集と蓄積

---

*　Hidetaka Nambo　金沢大学　理工学域電子情報学系　准教授

第5章　からだに関わるフィジカルセンシング

のデータは継続的に記録・蓄積されるため，必然的にデータ量は多くなる。ライフログがサービスとして提供されており，そのサービスを利用するユーザが多数であれば，蓄積されるデータの量はさらに膨大になり，いわゆるビッグデータとなる。近年，ライフログはビッグデータの1種として，その収集・蓄積から様々な分野での応用が注目されている。

例えばマーケティングの分野では，ライフログに含まれるユーザの位置情報や購買行動などの記録やブログ，SNSの投稿内容からユーザの趣味・嗜好を推測し，ユーザの嗜好や現在地に合わせ周辺店舗の広告を提示することが可能となる。さらに，ネットワーク上での行動，つまりどのようなWebページを閲覧し，どのぐらいの時間ページに滞在したか，どのようなリンクをクリックしたかなどの情報をライフログとして収集し利用する行動ターゲティングと呼ばれる手法も実用化されている[1]。

また，その他にも観光地における観光者の移動記録をGPSから取得し，観光者の流れを視覚化することで，観光者の観光行動を解析し観光施策やまちづくりに有効な情報を得るための研究もなされている[2]。

以下では，近年普及してきた通信機能付き健康測定機器等を用いたライフログについて述べる。

1) 通信機能付き健康測定機器によるライフログ

現在販売されている健康測定機器には，Wi-FiやBluetoothなどの通信機能を備えておりPCやスマートフォンと連携して計測結果を記録・蓄積できるものがある。また，スマートフォンそのものにも様々なセンサが搭載されており，健康に関する情報を計測できる機能を持っているものもある。また，最近ではスマートウォッチも普及してきているが，スマートウォッチには心拍を計測できるものもある。特にスマートフォンやスマートウォッチは，基本的に一日中肌身離さず持ち歩くものであり，常時計測や無意識のうちに計測することが必要なデータの計測・収集には非常に適している。

㈱タニタやオムロンヘルスケア社に代表される健康測定機器メーカーからは様々な健康測定機器が販売されている。一部の機器には，前述したように，通信機能を持ち，PCやスマートフォンとの連携可能なものがある。さらに，メーカーによって測定結果を記録・蓄積し管理できるアプリケーションやサービスも提供されている（文献(3),(4)など）。そこでは，ジョギングやウォーキング中の活動量計の計測結果を蓄積し歩行（走行）時間や消費カロリーの記録を可視化したり，体組成計の計測結果を蓄積し，消費カロリーと合わせて体重や体脂肪の経時変化を視覚的に表示することができる。このような機器を用いて継続的に計測を行うことで，一種のライフログの収集が可能となっている。なお，継続的に計測を行うことはかなりの負担であるが，負担を感じさせずに継続させる工夫の一つであるゲーミフィケーションについては5.4.3項で解説する。

以下では，代表的な通信機能を備えた健康測定機器をいくつか挙げる。

・歩数計（万歩計）

加速度センサを用い，歩行時の揺れや加速度の変化から歩数を記録するものである。ウォーキ

ングやジョギングなどの記録を残す際に利用される。また歩数から消費カロリーを推計することもできる。

・活動量計

歩数計と同様に加速度センサを利用しているが，活動による加速度の変化や違いから運動の強弱を判定し消費カロリーを推定するものである。歩行以外の活動についても計測できるため，日常の様々な活動によるトータルな消費カロリーが分かる。

・睡眠計

布団やマットの下に設置する少し大がかりなものから，枕元におくだけの設置が容易なものまで様々である。いずれも，睡眠時の体の動きを加速度センサや圧力センサ，微弱な電波などを用いて取得し，睡眠時間や睡眠の深さ，質を測定する。

・体組成計

体に微弱な電流を流し，その際の抵抗やリアクタンスから体脂肪率や筋肉量，骨量を推定する[5]。

・スマートフォンによる計測

上記の測定機器のうち，体組成計以外に関しては，スマートフォンで同様の機能をもつアプリケーションが多数存在する。専用の機器と比較すると安価で利用しやすいというメリットはあるが，精度が落ちる，利用できる環境が限られるなどのデメリットもある。

上記の測定機器は国内外の様々なメーカーから販売されている。特に前述した㈱タニタやオムロンヘルスケア社は，それぞれが歩数計，活動量計，睡眠計，体組成計はもちろん，その他多くのメーカも健康測定機器を販売している。販売されている機器の中には，各社が提供しているライフログサービス（WellnessLINK[3]，HealthPlanet[4]など）に対応したものがある。いずれのサービスにおいても，一社で多種の健康測定機器を販売して利点を生かし，自社製品による計測結果を統合して蓄積・管理することで，ユーザの健康管理や健康増進に役立つ情報が提供できる仕組みが整っている。また，多数のユーザがサービスを利用しているため，ライフログを活用することで，他のユーザの活動状況や平均的な値（例えば同年代の平均体脂肪率）を提供し，運動や健康に関する意識改善を促すこともできるようになっている。

2) 健康に関するその他のライフログ

ここでは，健康計測機器に限らない，様々なものを利用したユニークなライフログについて述べる。

・食事ログ

センシングから少々主旨が外れるかもしれないが，毎日の食事をデジカメや携帯・スマートフォンのカメラで撮影し，写真をアップロードすることで食事の記録を残す食事ログというアプリやサービスがある。以前より食事を撮影してブログなどに残す習慣を持っている人がいるが，最近は単に画像だけではなく，カロリーや栄養バランスも考慮し，健康管理につながるような工夫を取り入れるものが増えている。単純なものとしては，写真を登録し，料理の種別を手動で選

第5章　からだに関わるフィジカルセンシング

択することでカロリー，栄養バランスを計算してくれるスマートフォン用のアプリがある（文献（6），（7）など）。また，FoodLog[8]というサービスでは，写真を送ることでカロリーや栄養バランスを自動的に計算してくれる。さらに，それらの情報はユーザ毎に蓄積され，バランスの推移を分かりやすく見ることができるようになっており，食事の面からの健康管理に有益なサービスとなっている。

・**高齢者支援，介護支援**

　ライフログを活用した高齢者支援，または介護支援のためのシステムが存在する。例えば，銭湯の利用状況のログから地域の高齢者のコミュニティの分析を行い，高齢者のコミュニケーション促進に利用することを目的とした研究がある[9]。また，認知症高齢者から傾聴などを通して聞く際に，話のきっかけをつかむためにライフログを活用し，患者の過去の思い出に関係する写真や音楽を準備するための支援を行う研究も行われている[10]。また，徘徊しているときの位置を特定するために高齢者にGPSを持ってもらうことが多いが，さらにGPSの移動履歴を蓄積，解析することで通常の行動範囲を学習し，徘徊行動を自動認識する試みもある[11]。

5.4.2　ライフログの問題点

　ライフログの様々な応用が考えられ色々なサービスも実用化されているが，データの収集と利用には個人情報という大きな問題が関わってくる。ユーザが能動的に計測したデータを送信・蓄積するような場合は，送受信経路やサーバのセキュリティ，収集したデータの管理などが重要となる。また，無意識のうちに自動的に収集されるデータは，場合によってはユーザが意図していないデータを収集することも可能であり，プライバシー保護の観点から大きな問題となりうる。2005年に施行された個人情報の保護に関する法律では，データ収集，利用には提供者の同意が必要であり，目的外の利用や第三者への提供は原則禁止であったが，2015年の改正により匿名化されたデータであれば同意無しで第三者への提供が可能となった。現時点では施行はまだであるため実際にどのような影響が出るかは分からないが，匿名化の処理も簡単ではなく，人によっては不安が感じられるかもしれない。一方，利用範囲が広がることで新たなサービスが生まれることも期待される。

5.4.3　ゲーミフィケーション

　ゲーミフィケーション（Gamification）とは，「ゲーム化」（ゲーミファイ：Gamify）という語に由来するものである。ゲーム以外の分野の様々な事象にゲームの要素を取り入れ，人々を飽きさせず継続的に興味を持ってもらうことで，その事象に関わり続けてもらえるようにすることや，その方法を指す。通常，ゲームにはある目標（ミッション）が設定され，その目標を達成（クリア）することで，何らかの報酬（リワード）を得る。このゲームの基本的なメカニズムを，日常の様々な事柄に取り入れたものである（図5.4.2）。

　例えば5.3節で取り上げたウォーキングを考える。記録を取るために歩数計を用いるが，単純

な歩数計では，日常の歩行の歩数を記録するのみである。歩数計と「1日20分程度のウォーキングは健康に良い」という漠然とした情報を与えられたとしても，人によっては積極的にウォーキングをしようというモチベーションが生まれず，2，3日もすると飽きてやめてしまうかもしれない。健康は非常に大きな報酬ではあるが，健康に特に問題を感じていない人にとっては実感することが難しい場合もある。

ここで単純なゲーミフィケーションとして，歩数計に1日に20分の目標を設定し，目標をクリアした日には歩数に応じてポイントが貰え，ポイントが一定量たまると何らかの景品が貰えるような仕組みを導入する（図5.4.3）。歩数計のユーザにとって，景品（＝報酬）を貰うということがモチベーションとなり，ウォーキングを続けていくことにつながる。

さらに，ユーザ間のコミュニケーションを取り入れることで，より効果を高めることも行われている。例えばウォーキングであれば，ネットワークを介して歩行記録を収集し，他ユーザの記

図5.4.2　ゲーミフィケーションの概略図

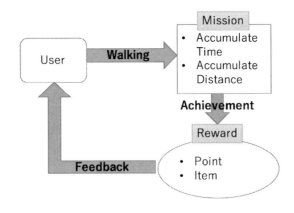

図5.4.3　ウォーキングのゲーミフィケーション

第5章 からだに関わるフィジカルセンシング

録と比較して順位づけし，その順位を公開する仕組みを導入する。順位づけされることで，ユーザ間に競争意識が生じ，自己顕示欲を満たすためにさらなるウォーキングへとつながることになる。また，SNSを用いてユーザ間のコミュニティを構成し，仲間間でお互い励ましあうことでさらなる動機付けを行うという方法もある（図5.4.4）。

ゲーミフィケーションのコンセプト自体は新しいものではなく，以前から様々な場面で用いられている手法である。例えば，商店街のスタンプや家電量販店のポイントなどのように，購買行動を繰り返すことで蓄積され，一定量を超えると報酬が得られるという同様の仕組みにより，顧客の購買行動を促し，さらに顧客を自店に囲い込むための手法として用いられている。近年では，ネットワークの発達により，対象となるユーザやそのコミュニケーション手段が多様化し，これまでは考えられなかったような分野にも手軽に応用されるようになってきたといえる。

1) 健康管理とゲーミフィケーション

ここでは，ゲーミフィケーションを応用した健康管理に関連するいくつかの事例を紹介する。

以前は，例えば体重計で体重を計測しても，その場で計測結果を確認し，標準体重との比較や覚えている範囲での体重の増減の確認を行うのが通常であった。几帳面な人であれば，その都度計測結果をメモしておき，変化の推移を管理したかもしれないが，それは非常に手間のかかる作業であった。さらにその記録をグラフなどで視覚化し，ダイエットに役立てるとなると，さらなる手間と労力が必要となる。しかし近年では，体組成計や血圧計など，家庭で用いられる健康測定機器そのものに，Wi-FiやBluetoothなどの通信機能を備えているものが数多く販売されるようになってきた。通信機能は，スマートフォンやPCと連動することで，計測結果の蓄積や閲覧，管理に利用されることが多い。また，蓄積されたデータは，専用のアプリなどを通じて簡単に閲覧することができるようになっており，例えばグラフ表示によって過去のデータとの比較がしやすいように視覚化される。さらに，ユーザが計測データをSNS上のコミュニティに投稿し，ユーザ間のコミュニケーションに用いる場合や，データを記録するサービスが機器販売メーカーに

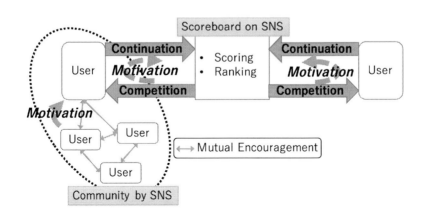

図5.4.4　SNSによる動機付けの創発

よって提供されており，サービス提供者側でコミュニティの形成を支援し，ユーザ間のコミュニケーションを促進している例もある。

一例として，5.4.1項でも触れたが，オムロンヘルスケア社から販売されている一部の体組成計や血圧計などの健康測定機器には，WellnessLINK[3]というサービスに対応した機器がある。対応する機器で計測された結果はインターネットを通じてサーバに蓄積され，サーバ側では計測結果を利用した様々なサービスが提供される。基本的な計測結果の記録，蓄積，閲覧（グラフ化）のサービスの提供はもちろん，ユーザに対するイベント（ミッション）の提供や，他のユーザとの競争，コミュニティの提供などが行われている。

このように，以前は単に測定するだけであった家庭用の健康測定機器であるが，そこに通信やネットワーク機能の付加，そしてゲーミフィケーションのコンセプトを導入することで，健康を意識しながら継続して計測するような動機付けが行われている。

2) 健康増進とゲーミフィケーション

ここまでで述べたように，健康測定機器にゲーミフィケーションを導入し，健康管理の継続性を目的としたものがある一方，日々の運動やリハビリテーションでも，ゲーミフィケーションを用いて健康増進や回復のための継続的行動を積極的に促すためのサービスも数多く提供されている。

例えば，ランニングであれば，スマートフォンのGPS機能や加速度センサを利用して走行距離や速度を計測する商品（アプリ）が販売されている（Nike+[12]）。計測したデータはサービス提供者のサーバに蓄積され，ユーザはPCやスマートフォンを通じてデータの管理ができる。また，目標設定やユーザ間のコミュニケーションなど，ゲーミフィケーションに必要な要素を取り入れたサービスが提供されている。

また，介護施設向けのTVゲームとして「リハビリウム 起立くん」[13]が販売されている。このゲームでは，介護老人保健施設で行われる運動の一つである起立運動を対象としている。起立運動は重要な訓練であるが，立ち座りを繰り返すだけの単純な運動であり，単調で辛いために継続的な訓練が難しいと言われている。そこにゲームの要素を組み込むことで，訓練への動機付けを行うというものである。システムはPCとKinectを用いており，ユーザが画面の前で行う起立動作を認識することができるようになっている。ゲームでは起立運動を行う目標回数を設定し，運動の回数によって画面内の樹が伸びていくという演出が行われる。樹の成長を楽しむことがユーザにとって運動を繰り返す動機となっている。また，運動の回数はユーザ毎に記録されており，その履歴が管理されている。履歴をスタンプラリーで表示することも継続的に運動を行う動機となっている。さらに回数に応じて「段位」が認定され「段位認定書」が発行できるなど，自己顕示欲やコレクション欲を満たす仕掛けもなされている。このほかにも，同時に多人数で行うアクティビティも用意されており，ユーザが楽しみながら運動を行うことができるような様々な工夫がなされている。実際に介護施設で利用されており，その効果も実証されている[14]。

その他にも，前述したオムロンヘルスケア社によるWellnessLINKでは，同社が販売している

第 5 章　からだに関わるフィジカルセンシング

活動量計や睡眠計のデータを利用した，健康関連のサービスを提供しており，一部にはゲーミフィケーションを取り入れたものもある。

　運動や健康そのものをゲームとした事例もある。WiiFit[15]，WiiFitU[16]は，それぞれ任天堂から発売されているゲーム機 Wii，WiiU 用のゲームソフトである。主にバランス Wii ボードと呼ばれる機器を使い，体を動かすことで操作するゲームとなっており，プレイヤーはゲームを楽しむことで簡単な運動を行うことになる。ゲームを進めたり高い点数を得るために何度もゲームに挑戦することが，継続的な運動につながる仕組みとなっている。また，ゲームを通じて行われた運動の量が逐次記録され，閲覧できるようにもなっており，基本的なゲーミフィケーションの機能を備えたものとなっている。さらに，最新型の WiiFitU では，ネットワーク機能を用いた任天堂による SNS 機能も用意されており，ユーザ間のコミュニケーションも可能である。WiiFit，WiiFitU は家庭用ゲーム機のソフトウェア（ハードウェアも必要であるが）であり，前述したヘルスケア機器類と比較して，導入に至るまでの間口が非常に広いと考えられる。実際に Wii 用として発売された WiiFit は，全世界で 2267 万本の売り上げ（2015 年 9 月時点[17]）を記録しており，健康とゲーミフィケーションの効果を広く知らしめたという点では特筆するものがある。

5.4.4　ゲーミフィケーションの将来展望

　現時点で，健康管理とゲーミフィケーションの基本的な融合の形はできあがっているとみることができる。ただし，計測対象の情報という点では，今後改善が望まれる点であるといえる。身長，体重，体組成などは定期的な計測で十分かもしれないが，血圧や心拍を継続的に計測する需要は少なくない。心拍計については，AppleWatch 等のスマートウォッチにも搭載されているが，リアルタイムで計測可能な血圧計が搭載された小型でウェアラブルな機器は見当たらない。また，血圧以外にも様々なセンサが必要とされるであろう。センサが実用化され，新たな情報を扱うことができるようになると，さらに新たなサービスが生まれる可能性があると考えられる。

参考文献

(1) 芳竹宣裕，伊藤愼：ユビキタス環境が生み出す大量情報「ライフログ」の活用と実装技術，NEC 技法，Vol.62, No.4, pp.76-79（2009）
(2) 深田秀美，奥野祐介，大津晶，橋本雄一：観光歩行行動データに対する GIS を用いた 3 次元可視化手法の提案，観光と情報，Vol.8, No.1, pp.51-56（2013）
(3) オムロンヘルスケア㈱：ウェルネスリンク http://wellnesslink.jp （2016/2/1 アクセス）
(4) ㈱タニタ：ヘルスプラネット http://healthplanet.jp （2016/2/1 アクセス）
(5) ㈱タニタ：体組成計の原理 http://www.tanita.co.jp/health/detail/37 （2016/2/1 アクセス）
(6) COOKPAD Diet Lab Inc.：やせる食事記録

https://itunes.apple.com/jp/app/yaseru-shi-shi-ji-lu-daietto/id868138449?mt=8（2016/2/1 アクセス）
(7) ㈱メディエイド：ライフパレット食ノート
   https://play.google.com/store/apps/details?id=jp.co.mediaid.meal&hl=ja（2016/2/1 アクセス）
(8) FoodLog：http://www.foodlog.jp（2016/2/1 アクセス）
(9) 山本吉伸：高齢者の日常コミュニケーションと公衆浴場－城崎温泉での調査－, 信学技報 HCS2012-24, pp.161-166（2012）
(10) 松山陽子, 佐藤生馬, 藤野雄一：認知症高齢者向けライフログをベースとした傾聴支援システムの検討, 信学技報 LOIS2012-06, pp.155-160（2013）
(11) 大野雄基, 手島一訓, 加藤大智, 山岸弘幸, 鈴木秀和, 旭健作, 山本修身, 渡邊晃：TLIFES を利用した徘徊行動検出方式の提案と実装, 情報処理学会論文誌コンシューマ・デバイス＆システム, Vol.3, No.3, pp.1-10（2013）
(12) Nike+：https://secure-nikeplus.nike.com/plus/?locale=ja_jp（2016/2/1 アクセス）
(13) ㈱メディカ出版：リハビリウム起立くん
   http://www2.medica.co.jp/topcontents/kirithu/（2016/1/14 アクセス）
(14) Hiroyuki Matsunaga, Hiroko Higashi, Jiro Kajiwara, Fumitada Hattori: Significance of serious game for rehabilitation in super-aging society, The Journal of Information Science and Technology Association, Vol.62, No.12, pp.520-526（2012）
(15) 任天堂：WiiFit https://www.nintendo.co.jp/wii/rfnj/（2016/2/1 アクセス）
(16) 任天堂：WiiFitU https://www.nintendo.co.jp/wiiu/astj/（2016/2/1 アクセス）
(17) 任天堂：主要ソフト販売実績
   https://www.nintendo.co.jp/ir/sales/software/wii.html（2016/2/1 アクセス）

5.5 まとめ

南保英孝[*]

本章では,まず5.2節ではウェアラブルデバイスのための生体信号センシング技術とその応用事例について述べた。近年の電極や計測機器の進歩により,脳波や筋電,眼電など様々な情報を計測しウェアラブルデバイスで利用できるようになってきた。また5.3節では,近年広く利用されるようになってきた通信機能を持った健康測定機器に着目し,機器を用いた長期計測とデータの蓄積から得られた種々の知見について述べ,また5.4節では,そのようなデバイスによって計測・収集されたライフログとその応用,またライフログの継続的な収集のため,ユーザが計測に飽きることなく機器を利用し続けるようにするための一手法であるゲーミフィケーションの事例について解説した。今後,ウェアラブルデバイスのための技術がより進むに従い,スマートウォッチのように身につけたり,衣類に組み込まれたセンサが実用化されていくことは容易に予想される。本章で取り扱った内容が,老人福祉や健康管理において今後開発されるであろう小型で高機能なセンサをより効果的に利活用するための参考となれば幸いである。

---

[*] Hidetaka Nambo　金沢大学　理工学域電子情報学系　准教授

コラム

観光とセンサ

大薮多可志*

　訪日外国人（インバウンド）数が2013年に初めて1千万人を超え，日本は真に観光立国としてのスタートを切り観光立国元年といえる。続いて2014年は1,341万人，2015年は1,974万人と2,000万人に迫り大幅に伸びている。これに伴い海外旅行者が日本で使う旅行消費額が3兆円を突破した。人口減少時代を迎え個人消費の総額が伸び悩んでいる地方にとっては明るい兆しである。地方に誘客する隠れた資源もあり，ポテンシャルが高いと思われるが本当のキャパはどれほどなのだろうか。一部地域では人手不足が叫ばれ，「おもてなし」に手が回らない状況も派生している。インバウンドの地方への誘客は地方創生の要ともいえる。

　多くの観光客を地方に誘致するには安全・安心策が講じられていることが必須条件である。地震や津波などの災害時はもちろんのこと，テロリズムや防犯，食の安全にも配慮が必要である。日本は安全などと報じられることもあるが，東日本大震災による原発事故や廃棄食品の出回り，食中毒など多くの事例が報告されている。政情が不安定な国もありテロなどにも配慮が必要である。その多くを検知するセンサと得られた情報を統合的に扱うネットワークが必要である。災害時には，観光客の位置情報に基づく母国語での案内は必須である。母国語で避難経路が分かれば安心にも繋がる。情報通信研究機構（NICT）が開発した各国語への翻訳システムは有効であり，2020年東京オリンピック開催時には大いに活用される。センサには多くの種類があり，高機能化されたものも開発されてきている。

　日本訪問時に，一部を除き大多数の外国人は飛行機での入国である。インバウンドにとって入国時の検査は訪問国の第一印象となる。より高精度でスムーズな入国審査や保安検査はその国の印象や旅行の思い出に大いに影響する。リピータ増にもつながる。これを支える技術と知恵が日本にある。日本の強みでもあるセンサとネットワークは観光立国を支える基盤技術である。

スムーズな保安検査

＊　Takashi Oyabu　国際ビジネス学院　学院長

環境と福祉を支えるスマートセンシング

2016年6月7日　第1刷発行

監　　修	環境・福祉分野における スマートセンシング調査研究委員会		(T1011)
発 行 者	辻　賢司		
発 行 所	株式会社シーエムシー出版 東京都千代田区神田錦町1-17-1 電話 03(3293)7066 大阪市中央区内平野町1-3-12 電話 06(4794)8234 http://www.cmcbooks.co.jp/		
編集担当	町田　博／櫻井　翔		

〔印刷　倉敷印刷株式会社〕

© Research Committee on Smart Sensing in Environment and Welfare Fields, 2016

落丁・乱丁本はお取替えいたします。

本書の内容の一部あるいは全部を無断で複写(コピー)することは，法律で認められた場合を除き，著作者および出版社の権利の侵害になります。

ISBN978-4-7813-1165-4　C3054　¥62000E